TINA KÜCHENMEISTER

DREI ZIMMER, KÜCHE, ELEFANT

echt EMF

TINA KÜCHENMEISTER

DREI ZIMMER, KÜCHE, ELEFANT

MEINE KINDHEIT IM ZOO

echt EMF

Für Jörg.

INHALT

EINLEITUNG

Es ist ein kühler Mittwochmorgen im Januar. Ich bin mit einem drückenden Gefühl aufgewacht, als läge etwas ganz Schweres auf meiner Brust. Nach langem Zögern rolle ich mich aus dem Bett. Die Gedanken, die mich abends ewig lange am Einschlafen gehindert haben, sind sofort wieder da und vermischen sich mit dem Januargraupelgrau zu etwas sehr Unangenehmen. Ich wünschte, ich könnte sie dahin zurückschicken, wo sie hergekommen sind. Weil das nicht geht, habe ich sie eingefangen und in den letzten Monaten einen sehr stabilen Zaun um sie herum gebaut. Und so schnell werde ich sie nicht freilassen. Viel zu gefährlich. Sie könnten außer Kontrolle geraten. Ich hab sie eingesperrt wie wilde Tiere in einen Zoo. Das Problem ist nur, schon eine kleine Lücke im Zaun reicht und zack: tödlicher Angriff! Vielleicht ist Zähmen dann doch besser als Wegsperren. Dauert aber länger. Auf der Bettkante hole ich tief Luft. Dann schlüpfe ich in meine Lieblings-Leoparden-Leggings und entscheide: Heute ist der Tag. Heute gehe ich in den Zoo. Um mir die wilden Tiere anzugucken und meinen Gedanken ein bisschen Auslauf zu geben. Das erste Mal seit langem. Ein paar Jahre schon wohne ich in Leipzig. Wenn man in die Stadt reinfährt, sieht man die großen Plakate, die für den Tierpark Werbung machen. „Ostern feiern mit der Verwandtschaft" steht auf der Leinwand, die eine ganze Häuserfassade verdeckt. Unter dem Spruch prangt das Bild einer Gruppe Menschenaffen. Ein paar Mal stand ich schon vor dem Zooeingang, sah die Pfleger und das Gewusel und konnte einfach nicht reingehen. Etwas in mir sträubte sich wie ein Hund, der alle viere in den Boden stemmt, wenn Frauchen an der Leine zieht. Der Hund ist heute auch da, aber sein Frauchen wird stärker sein als er. Hoffe ich zumindest.

Ich mach mir Zahnpasta auf die Zahnbürste und putze mir gründlich die Zähne, trockne mir den Mund ab, schaue in den Spiegel und entscheide, heute auf Mascara zu verzichten. Dann verlasse ich die Wohnung und steige auf mein grünes Klapprad.

Am Zoo angekommen schließe ich mein Rad ab und gehe zur Kasse. Als ich der Frau an der Kasse das Geld reiche, wird mir bewusst, dass ich wohl das erste Mal in meinem Leben Eintritt für den Zoo bezahle. Ich schiebe mich mit all den anderen Zoobesuchern durch das Drehkreuz des Eingangs und stehe plötzlich inmitten von Familien mit unzähligen Kindern, die vor lauter Vorfreude und Aufregung alles um sich herum vergessen und einfach losrennen. Die Muttis tragen Jutebeutel voller Dinkel-Kräcker und Feuchttücher und die Väter haben ihre teuren Outdoorhosen aus dem Schrank gekramt. Passend dazu hängt ihnen schwer die neue Fotoausrüstung um den Hals. Ich schaue mich um und mir wird bewusst, dass niemand außer mir alleine ist. Mit dem schweren Klotz in meiner Brust fühle ich mich genauso gefangen wie die Tiere in ihren Käfigen. Meine Leoparden-Leggings sagt: „Heyyyy, ich bin eine von euch", aber als ich am Leopardengehege vorbeigehe, würdigen sie mich keines Blickes. Nicht das Muster macht einen schließlich zum Raubtier, sondern die innere Einstellung und meine ist gerade wenig kämpferisch. Am Elefantengehege bleibe ich stehen und schaue zu den gemütlichen Dickhäutern hinüber. Unbeeindruckt gucken sie in der Gegend umher und kauen genüsslich ihr Heu. Es fühlt sich an wie nach Hause kommen und Erinnerungen sägen kleine Löcher in den Zaun, der meine wilden Gedanken zurückhält: ich als kleines Mädchen am Elefantengehege im Rostocker Zoo. Ich atme tief ein und schon rollen die Tränen über meine Wangen.

Schon immer war ich fasziniert von diesen grauen, heufressenden Bergen, die sich mit einer einzigartigen Gemütlichkeit durch das Gehege schieben. Wie sie mit ihrem Rüssel die Umgebung ausloten, hat mich immer irgendwie an U-Boote erinnert. Wenn mein Vater dann mit der Schubkarre kam, schauten sie kurz, schlenderten zu ihm rüber und schnupperten vorsichtig an seiner Jackentasche, um zu prüfen, ob er ein paar Leckerlis dabeihatte. Ruhig stellte er dann die Schubkarre mit dem Heu ab und drückte die Rüsselbande beiseite. Meinen Vater mussten die sanften Dickhäuter nicht ausloten, ihn kannten sie. Er war ihr Pfleger. Wenn er mich unter den Zuschauern am Geländer entdeckte, gab er mir ein kleines Zeichen und ich durfte mit hinter die Kulissen kommen. Die anderen Besucher staunten nicht schlecht, wenn ich dann plötzlich, klein und lockenköpfig wie ich war, zwischen den Elefanten stand und sie mit Knäckebrot fütterte. Angst hatte ich nie, denn mein Vater war ja bei mir.

Vor drei Jahren erkrankte er plötzlich schwer und starb innerhalb weniger Monate. Ich habe ihn dabei begleitet. Ich dachte, die ganze Welt bleibt stehen, aber alles lief einfach weiter. Die Trauer, dieses drückende Gefühl, habe ich seitdem gut weggeschlossen. Doch jetzt, im Zoo und am Elefantengehege, kommt alles wieder hoch. Die wilden Gedanken, aber auch die Erinnerungen an meine unheimlich schöne und ganz besondere Kindheit im Zoo.

KREUZFAHRT AUF DER ARCHE NOAH

Meine ersten Lebensmonate wohnten wir in einem kleinen Fischerort direkt am Meer. Im Gegensatz zu meiner Schwester Lisa war ich sehr laut. Man nannte mich liebevoll „die Sirene von Warnemünde". Vielleicht lag das daran, wie ich das Licht der Welt erblickte. „Wir müssen sie holen! Sonst verhungert sie", sagten die Ärzte damals zu meiner Mutter. Also leiteten sie drei Tage vor dem eigentlichen Termin die Geburt ein. Als ich da war, schaute meine Mutter mich an und dachte: „Der Mond ist aufgegangen." Denn ich hatte ein unheimlich rundes Gesicht, feste knuffige Pausbacken und war alles andere als kurz vor dem Verhungern. Ein Diagnosegerät war fehlerhaft gewesen. Genau in diesem Moment muss ein tiefes Misstrauen in mich hineingepflanzt worden sein, denn ich durfte nicht selbst entscheiden, wann ich bereit war, mir die Welt da draußen mal anzusehen und an diesem ganzen Wahnsinn teilzunehmen. Hinzu kommt, dass ich gar nicht geplant war. Ich war mehr so ein Unfall. Meine Schwester war erst ein Jahr und zwei Monate alt, als ich geboren wurde, und meine Mutter hätte sich sicher gerne noch ein bisschen mehr Zeit gelassen. Aber nun war ich eben da.

Schnell wuchs mir passend zu meinem unüberhörbaren Geräuschpegel ein wilder blonder Lockenkopf. „Krause Haare, krauser Sinn“, sagt man. Und kraus war wohl auch die Zeit, in die ich hineingeboren wurde. Als die Mauer fiel, war ich ein Jahr alt und alles war im Umbruch.

Eine Wohnung zu bekommen war damals sehr schwierig. Für junge Familien gab es eigentlich nur zwei Optionen: heruntergekommener Altbau mit Ofenheizung und Gemeinschaftstoilette auf halber Treppe oder eben Plattenbau. Und da die Wohnungen 1989 in der DDR noch von einer zentralen Vergabestelle zugeteilt wurden, war da auch nicht viel mit Aussuchen. Angesichts dieser angespannten Wohnverhältnisse freuten sich meine Eltern ganz besonders, als mein Vater kurz vor der Wende das Angebot erhielt, in eine Betriebswohnung im Rostocker Zoo zu ziehen. Nach einer Besichtigung zögerten sie nicht lange und sagten zu.

Das Haus, in das wir zogen, war ein beiges Mehrfamilienhaus mit vier Parteien. Es hätte genauso gut in einer Häuserreihe in einer normalen Straße in der Stadt stehen können, so unscheinbar war es. Um zu uns zu kommen, bog man von einer Hauptstraße, die westlich aus der Innenstadt herausführte, in eine etwas kleinere Straße. Mit einem prüfenden Schulterblick ließ man die Stadt einfach hinter sich, um dann mit ein bisschen Anlauf den steilen Johannisberg zu bezwingen. Auf dem Berg angekommen führte ein schmaler Waldweg entlang einer kleinen Backsteinkirche, schlängelte sich an einem Verkehrsgarten vorbei, auf dem an Wochentagen im Sommer oft ganze Schulklassen behelmter Kinder herumwuselten, und führte über die Bahnschienen zu einer einsamen Haltestelle. Hier konnte man den Zoo schon hören. Das immer gleiche Blöken der Damhirsche, die an einem Zaun am Wegesrand standen, vermischte sich mit dem Brüllen des Löwen und dem lauten Kindergeschrei vom Spielplatz. Ging man nun an dem Damhirschgehege vorbei, stand man direkt vor der Eingangspforte unseres Hauses. Ihre Farbe bröckelte und es war nicht mehr richtig klar, ob sie moosgrün lackiert war oder ob sich das Moos einfach über die eigentliche Farbe gelegt hatte. Man durfte sich auf keinen Fall dagegen lehnen, denn sonst hatte man sofort Flecken an der Jacke. Beim Auf- und Zumachen quietschte sie ziemlich laut und wir hörten immer sofort, wenn jemand kam. Hinter der Pforte führte ein gepflasterter Weg durch den Garten zu unserem Haus, der von einer großen, dichten Hecke gesäumt wurde. Wenn unser Ball beim Spielen zwischen den grünen Zweigen verloren ging, mussten wir uns durch ein festes Dickicht kämpfen, um ihn zu befreien.

Unser Garten war eingerahmt vom Damhirschgehege auf der rechten und einem grünen Flachbau, der Zooschule, auf der linken Seite. Regelmäßig trafen sich dort Schulklassen und Feriengruppen, um hinter die Kulissen des Zoos zu schauen. Die Kinder bekamen Arbeitsblätter mit Informationen zu bestimmten Tierarten und nicht selten beobachtete ich aus dem Fenster Pinguine, Esel oder Ziegenböcke, die mit Hilfe von kleinen Leckereien in das Gebäude gelockt wurden, um den neugierigen Kindern vorgeführt zu werden. Außerdem gab es gelegentlich Nachmittags- und Ferienveranstaltungen. Als mein Vater klein war, gehörte er beispielsweise der AG Pony an, die sich einmal die Woche in der Zooschule versammelte, um den Umgang mit den beliebten kleinen Pferden zu erlernen.

Angelegte Beete hatte unser Garten keine und oft wuchs das Gras kniehoch. Dann kam mein Vater mit der Sense und sagte mit verstellter Helge-Schneider-Stimme: „Ich bin der Sensenmann!“ Albern tänzelte er dann umher, während er das Gras kurzraspelte. Danach duftete es auf dem ganzen Gelände nach frisch gemähter Wiese und wenn wir Glück hatten, kam auch vereinzelt verlorengeglaubtes Spielzeug wieder zutage. Zu gerne wäre ich auf die riesengroßen alten Bäume geklettert, die vor dem Haus standen, doch leider waren die so hoch gewachsen, dass ich sie einfach nicht erklimmen konnte, sooft ich es auch versuchte. Vor dem Haus stand eine Bank, auf der meine Eltern oft in der Nachmittagssonne saßen, Kaffee tranken und uns beim Spielen zusahen. In der kleinen Ecke neben der Bank kamen wir oft zusammen und grillten abends alleine oder mit den Nachbarn ein paar Würstchen. Der Duft des gebratenen Fleischs mischte sich dann mit dem markanten Mief der Elefanten. Ich mochte unseren Garten, das Beste aber an unserem Haus war die Hintertür. Denn jenseits ihrer Schwelle, hinter unserem Garten, begann der Zoo.

Alle unsere Nachbarn waren Mitarbeiter des Zoos. Unten links wohnte das Ehepaar Hansen, dessen Kinder schon aus dem Haus waren. „Trampelt nicht so rum, Herr Hansen bekommt noch Kopfschmerzen von eurem Lärm“, ermahnte uns unsere Mutter regelmäßig. Zu ihm sollten wir immer freundlich sein, denn als Zooinspektor war er der Vorgesetzte meines Vaters. Als Kind wusste ich nicht so genau, was er tat, und stellte mir vor, er wäre auf geheimer Mission. Natürlich wollte ich in seiner Gegenwart nichts verkehrt machen und war immer ein bisschen ehrfürchtig und verunsichert, wenn ich ihn durch Zufall im Hausflur traf. Herr Hansen war immer sehr gründlich, wenn es um die anfallenden Arbeiten auf dem Hof oder im Garten ging. Da es keinen Gärtner oder Wegedienst gab, kümmerten sich die vier Parteien des Wohnhauses abwechselnd darum, die Gehwege frei zu halten. War Herr Hansen mal wieder an der Reihe, setzte er sich seine Schiebermütze auf und verzierte den Sandweg, der um das Haus herum in den Zoo führte, mit einem schönen Fischgrätenmuster. Wenn ich dann nur einen Schritt reinsetzte, war sein edles Harkwerk dahin. Nur wo sollte ich sonst laufen? Das war ja schließlich der Weg. Gelegentlich wich ich über den Rasen aus, aber das war auch nicht so gerne gesehen. Manchmal machte ich mir einen Spaß und lief den Weg rückwärts entlang, so dass meine Spuren in dem unberührten Harkenmuster aus dem Zoo herausführten anstatt in den Zoo hinein. Ich kicherte dann fröhlich vor mich hin und fand mich ziemlich clever. Mir kam auch tatsächlich niemand auf die Schliche, aber wahrscheinlich nur deshalb, weil es einfach niemanden interessierte. Irgendwann war Herr Hansen dann wieder mit dem Dienst dran und der Kreislauf ging von vorne los.

Frau Hansen war eine eher ruhige und verschlossene Frau. Mit einer unglaublichen Fürsorge pflegte sie Zeit ihres Lebens die Menschenaffen und ihre Haare waren genauso schwarz wie die der Gorillas. Manchmal folgte ihr ein Tier sogar bis in unseren Garten.

Unten rechts wohnte Familie Grafunder. Sie hatten drei Söhne. Michael, der Jüngste, war nur ein Jahr älter als meine Schwester und spielte viel mit uns. Im Hof hüpften wir gemeinsam Gummitwist, rauften uns beim Fußball oder spielten bis es dunkel wurde Fangen. Sogar an Vater-Mutter-Kind hatte er Spaß. Michi machte alles mit. Manchmal stänkerte ich rum und versuchte aus dem Nichts einen Streit anzuzetteln, einfach nur um mich als Jüngste in der Gruppe zu beweisen. „Ihr wisst gar nicht wie das richtig geht!", meckerte ich dann an ihren Spielregeln herum und stellte fleißig eigene auf. Weigerten Michi und Lisa sich, diese auch einzuhalten, wurde ich wütend und schmiss mich auf den Boden. „Ihr seid blöd und gemein!", schluchzte ich dann. Doch anstatt auf mich und meinen Zorn einzugehen, ignorierten sie mich einfach und warteten ab, bis ich selbst merkte, dass meine Trotzreaktion zu gar nichts führte. Also rappelte ich mich wieder auf und lernte mit der Zeit Kompromisse einzugehen. Schließlich wollte ich es mir mit Michi auch nicht verscherzen. Immerhin war er der Erste und der Einzige im Haus, der einen Computer hatte.

Michis Eltern hießen Detlef und Hanne. War ich bei Ihnen zu Besuch, fühlte ich mich sofort zuhause, so warmherzig waren sie. Ein flauschiger Teppich schmückte bei ihnen den Boden, der mir ein ganz sanftes Gefühl gab, wenn ich auf Socken durch die Wohnung schwebte. Im Gegensatz zu unserem war ihr Balkon verglast und so zu einem Esszimmer umfunktioniert. Von draußen konnte man sehen, wie sie genüsslich das Mittagessen in sich reinschaufelten. Ein wenig sah es aus, als würden sie in einem Aquarium sitzen. Das kam wohl nicht von ungefähr, denn Detlef hatte sich beruflich der Aquaristik verschrieben. Hanne hingegen war mittlerweile hauptsächlich für die Ausbildung der Zoo-Lehrlinge zuständig.

Direkt neben uns wohnten die Ladwigs. Herr Ladwig hieß eigentlich Rolf, aber wir Kinder nannten ihn Onkel Rolli. Er sah aus wie der Weihnachtsmann: groß und bärig, hatte einen weißen Rauschebart und rauchte manchmal heimlich Zigarre im Keller. Der würzige Zigarrenqualm kroch dann unter seiner Kellertür hindurch, verbreitete sich im ganzen Hausflur und verriet ihn. Was mich an Ladwigs am meisten beeindruckte, war ihre Türklingel. Wir hatten nur einen normalen Klingelknopf, der ein schrilles „Drrrrrrrrrr" von sich gab, wenn man ihn drückte. Die Klingel der Ladwigs hingegen war ein bronzefarbener Löwenkopf, der dem Besucher mit offenem Maul angriffsbereit und ein bisschen finster entgegenblickte. Der eigentliche Klingelknopf befand sich im Maul des Löwen. Drückte man ihn, erklang ein lautes, majestätisches „Ding Dong". Da ich bei Ladwigs nie in der Wohnung war, vermutete ich hinter der Klingel einen prunkvollen Palast.

Auch wenn alle vier Wohnungen von sehr unterschiedlichen Familien bewohnt waren, so verband sie alle die Liebe zu den Tieren und die Faszination für den Zoo.

Begegnete man sich im Hausflur, wurde nicht selten in breitestem Norddeutsch ein kleiner Schnack unter Nachbarn gehalten. „Moin Jörg, haste schon den neuen Kutscher kennengelernt? Also bei mir im Revier kam gestern Morgen nur die Hälfte an Futter an. Da frag ich mich doch, wo die andere Hälfte hin is, nä?!“

„Da sachst du was! Unsere Zuckerrübenlieferung ist gestern ganz ausgefallen. Wat da nu wieder los is! Und dann hat unsere Schildkröte Achim ja auch immer noch so dollen Schnupfen! Vielleicht kannst du dir das nachher mal angucken!“

Standen die Wohnungstüren offen, konnte es schon mal vorkommen, dass ein Meerschweinchen, ein Hund oder sogar ein kleines Äffchen die Chance nutzte und durch den Hausflur flitzte. Doch das wunderte niemanden, denn die Tiere gehörten immer dazu.

Da unsere Wohnung im ersten Stock war, hatte ich ein paar Treppenstufen zu bezwingen. Für mich war es ein Spiel: Ich rannte unten los wie ein Berserker, um in weniger als zwei Atemzügen oben zu sein. Wenn ich dann völlig aus der Puste ankam, stand meine Mutter in der Zielgraden und schimpfte: „Mein liebes Fräulein! Musst du immer so trampeln? Du gehst jetzt noch mal runter und dann gehst du leise die Treppe hoch!“ Immer noch ein wenig außer Atem drehte ich also genervt um und ging den ganzen Weg zurück, natürlich mit dem Ziel, diesmal noch schneller zu sein. Dabei auch möglichst leise sein zu müssen feuerte meinen Ehrgeiz nur noch weiter an. Irgendwann hatte ich dann plötzlich eine Idee: Ich zog meine Schuhe aus, zählte bis drei und rannte auf Socken die Treppe hoch. Oben angekommen schnappte ich nach Luft, aber ich hatte es geschafft – leise *und* schnell. Manchmal aber lohnte es sich, im Treppenhaus laut zu sein. Jeden dritten Samstag hatte unsere Familie Kehrdienst und den mussten meist meine Schwester und ich übernehmen. „Warum immer wir?“, fragte Lisa dann genervt meine Mutter, die ihr wortlos Besen und Wischeimer auf die Fußmatte stellte, die Tür hinter sich schloss und uns und unser Gejammer im Treppenhaus stehen ließ. „Ich wische, du fegst, o.k.?“, versuchte ich Lisa dann zu überreden. Fegen mochte ich nicht, weil man dann auch noch die Fußmatten ausklopfen und die kleinen Dreckhäufchen, die dabei entstanden, mit Handfeger und Schaufel aufnehmen musste. Das war mir viel zu viel Arbeit. Ich wartete lieber ab, bis Lisa das alles erledigt hatte, und wischte dann zack, zack, zack kreuzweise hinter ihr her. Wenn wir dann in die Nähe der anderen Wohnungstüren kamen, polterten wir extra laut, damit auch jeder mitbekam, dass wir grade fleißig waren. Manchmal öffnete sich dann die Tür der Nachbarn und Frau Ladwig steckte uns ein paar Bonbons zu. „Ihr seid aber gründlich“, sagte sie jedes Mal staunend und nickte uns anerkennend zu. Dabei kompensierten wir nur fehlende Gründlichkeit mit besonders geräuschvollem Geklapper. Aber siehe da, die Rechnung ging auf.

Unsere Wohnung war klein, aber sehr gemütlich. Vom Flur gingen rechts Kinder- und Wohnzimmer ab, links Küche und Bad und grade zu war das kleine Schlafzimmer meiner Eltern. Wenn mein Vater seine Zooklamotten zum Waschen mit nach Hause brachte und sie neben die Waschmaschine im Bad schmiss, breitete sich der strenge Geruch der Elefanten über die ganze Wohnung aus. Aber wir waren alle daran gewöhnt. Es roch nach Zuhause.

Für die Zeit, in der meine Eltern sie bezogen, kurz vor der Wende, war die Wohnung sehr modern. Mit dem Umzug in den Zoo ließen sie auch ein Stück weit die Piefigkeit des Ostens hinter sich. Was blieb, waren ein paar brauchbare Möbel und das Gefühl des Aufbruchs in eine neue Zeit. Die neue Wohnung richteten sie mit viel Liebe zum Detail ein. Im Flur zum Beispiel standen auf einem kleinen Häkeldeckchen zwei Wachskerzen, die meine Eltern von Verwandten aus dem Westen geschenkt bekommen hatten. Sie hatten die Form eines Apfels und einer Birne und durch ihre braunrote Farbe sah man ihnen sofort an, dass es sich nicht um echtes Obst handeln konnte. Wer jedoch genauer hinsah, konnte im Apfel den Abdruck kleiner Kinderzähnchen erkennen. Es ist bis heute nicht ganz geklärt, wer sich da von der paradiesischen Obstattrappe hat verleiten lassen.

Neben dem Wachsobst stand ein rotes Strippentelefon mit einem ziemlich langen Kabel. Wenn meine Eltern telefonierten, nahmen sie es meist mit ins Wohnzimmer und setzten sich dort auf die große Couch. Es war nicht nur unser privates Telefon, sondern es kamen dort auch Anrufe für den Zoo an, wenn mein Vater Bereitschaftsdienst hatte. Klingelte es, meldete er sich mit den immer gleichen Worten in dem stets gleichen Tonfall: „Küchenmeister, hallo?“ Geduldig hörte er sich dann an, was der Anrufer zu sagen hatte und beendete das Gespräch meist mit: „Jap, bin sofort da!“

Dann zog er sich fix Jacke und Schuhe an, gab uns allen einen Kuss und sagte: „Ich muss noch mal los. Bei den Pinguinen läuft das Wasser aus.“ Oder: „Na endlich! Das Elchbaby ist unterwegs. Ich schau noch mal kurz rüber und helf den Kollegen.“ Dann schwang er sich auf sein Rad und radelte zum Ort des Geschehens.

Schaute man im Wohnzimmer aus dem Fenster, konnte man direkt in den Zoo gucken. Links war das Lamagehege, rechts der große Spielplatz und daneben befand sich das Elefantenhaus. Am Zaun des Lamageheges befand sich ein kleiner Futterautomat. Die Besucher konnten für zehn Pfennig eine Handvoll Pellets kaufen und dann in das Gehege gehen. Die Lamas störten sich nicht groß an den Eindringlingen, sondern freuten sich über die Extraportion Fressen. Ich hing oft am Fenster, schaute mir die Laienfütterung an und wartete gespannt darauf, dass die Lamas jemanden anspuckten. Allerdings tun sie das leider viel seltener, als man denkt. Eher kam es vor, dass sie untereinander Streit hatten. Dann legten die Rivalen die Ohren an, gaben schrille Laute von sich und rannten völlig außer Kontrolle durch das Gehege, bis die ganze Herde aufgescheucht war.

War ich dann doch irgendwann von der Szenerie gelangweilt, wandte ich mich vom Fenster ab und meine Aufmerksamkeit fiel auf das große Holzregal, das eine ganze Wand einnahm.

Hatten wir Gäste, wurden meine Eltern häufig auf das Möbelstück angesprochen und dann sagte meine Mutter immer stolz: „Ach das Regal, ja ... das hat Jörg selbst gebaut."

Dann nickten die Besucher meist anerkennend und mein Vater schaute verstohlen zu meiner Mutter rüber, bevor er sich wieder zurückwandte: „Na ja, nicht ganz alleine. Mit einem Freund zusammen. Aber das war viel Arbeit, das sag ich euch!"

Noch heute ist es mir ein Rätsel, wie er das geschafft hat, denn handwerkliches Geschick hatte er leider gar keins. Richtig zugeben konnte er das allerdings nie. Immer wieder nahm er sich kleinerer Projekte an, die dann meist grandios nach hinten losgingen. Zum Glück konnte er wunderbar über sich selbst lachen und deshalb nahm er das alles auch nicht so ernst.

Im Regal standen neben unzähligen Tierbüchern auch einige Relikte einer exotischen Tierwelt. Andere Familien stellen sich Porzellanhunde oder Schnitzereien aus dem Erzgebirge in ihre gläsernen Vitrinen, bei uns wurden alte Nandu-Eier, ein paar Elefantenzähne und die schwarz-weiß gestreiften Borsten eines Stachelschweins präsentiert. Unter die mischten sich manchmal Muttis Stricknadeln und in unbeobachteten Momenten spielten Lisa und ich Mikado damit. Wir holten die Stricknadelborsten aus dem Regal, hielten sie mit einer Hand zusammen und ließen sie dann geschickt auseinanderfallen. Wenn die Borsten dann völlig durcheinander auf einem Haufen lagen, mussten wir versuchen, sie einzeln aufzuheben, ohne dabei eine der anderen zu bewegen. Ein Geduldsspiel. Ich hatte so meine

Schwierigkeiten mit dem Geduldigsein; ich mochte lieber Dinge mit Geschwindigkeit und Kraft. Lisa gewann also meistens und bevor unsere Eltern den Borstenmissbrauch mitbekamen, räumten wir sie schnell zurück ins Regal neben die Nandu-Eier. Die kamen mir immer mächtig alt vor. Eines war ausgepustet, aber in dem anderen war noch etwas drin. Der Inhalt war über die Jahre zu einem festen Klumpen geworden und wenn man das Ei schüttelte, klapperte es. Da es bestimmt fünfmal so groß war wie ein normales Hühnerei, musste ich es dabei immer mit beiden Händen festhalten und hatte schreckliche Angst, dass es mir aus den Händen rutschen könnte. Einmal, als ich es stolz einer Schulfreundin präsentieren wollte, rollte es fast von der Couch, auf die ich es für einen Moment gelegt hatte. In allerletzter Sekunde konnte ich es auffangen, um es dann mit zittriger Hand zurück auf seinen Platz zu legen. Meine Freundin schaute mich mit großen Augen an und auch ich schüttelte mich vor Schreck. Ich hatte gerade den Film „Jurassic Park“ gesehen und stellte mir vor, es wäre ein jahrtausendealtes Dinosaurierei, in dem ein kleiner Dino nur auf den richtigen Moment wartete, in dem er schlüpfen und mich fressen konnte. Ich glaubte lange daran, dass es Dinosaurier wirklich noch gab, denn immerhin lebten direkt hinter unserem Haus die schrägsten Kreaturen: exotische Echsen, giftige Frösche, aggressive Vogelspinnen und später sogar eine Schlange mit zwei Köpfen. Warum sollte es da also nicht auch noch echte Dinos geben?

Den meisten Platz im Regal nahm jedoch eine unfreiwillige Sammlung aus Elefantenfiguren ein, die mein Vater im

Lauf der Jahre geschenkt bekommen hatte. Feine Porzellanelefanten standen neben groben, aus Holz geschnitzten Dickhäutern. Es war ja auch naheliegend: Was schenkt man einem Elefantenpfleger zum Geburtstag, zu Weihnachten oder zum Hochzeitstag? Genau, eine schöne Dekofigur in Elefantenform. Mein Vater betrachtete die verpackten Dickhäuter dann jedes Mal von allen Seiten und sagte schließlich: „Oh eine Schallplatte!" Ich kann mich nicht erinnern, dass er je wirklich eine bekommen hätte. Stattdessen bekam er Elefantenfigur um Elefantenfigur, gelegentlich ein Mammut, auch mal ein Nashorn, aber meistens Elefanten. Auch mir hat er einige besonders schöne Exemplare zu verdanken. Ich bastelte sie mit viel Hingabe aus Papier, Knete oder aus Salzteig. Mein Vater freute sich immer über eine Erweiterung seiner Sammlung. Oder zumindest tat er so. In dem Regal stand außerdem eine alte Musikanlage mit Plattenspieler und Kassettendeck. Viele Schallplatten hatten meine Eltern nicht – mein Vater bekam ja nie welche –, aber die paar, die sie hatten, hörten wir rauf und runter: Besonders die Musik von den Beatles, Simon and Garfunkle und Peter Gabriel mochten meine Eltern. Da ihre Anlage auch ein Kassettendeck hatte, wurden die Platten in mühsamer Kleinarbeit überspielt und liefen dann ebenfalls in Dauerschleife bei uns im Auto. Wir sangen dann alle lauthals im Chor „Let it be", „Mrs. Robinson" oder „Don't give up". Wenn ich heute einen dieser Songs im Radio höre, sehe ich mich wieder vor dem großen Regal sitzen, unter dem ruhenden Blick der Deko-Elefanten-Herde, das Nandu-Ei in den Händen, forschend klappernd zum Rhythmus der Musik.

Das Schlafzimmer meiner Eltern war der kleinste Raum der Wohnung und mit dem Doppelbett eigentlich schon komplett ausgefüllt. Ich tapste oft mit nackten Füßen auf dem Sisalteppich herum, den sie dort ausgelegt hatten, und stellte mir vor, ich würde auf einem großen Strohhut laufen. Aus dem Fenster schaute man auf den Wäscheplatz und auf die Futtermeisterei. Das Gelände wurde von kokettierenden Pfauen und glucksenden Perlhühnern bevölkert. Es war das reinste Schaulaufen. Besonders laut wurde es, wenn ein Perlhuhn ein Loch im Zaun entdeckt hatte und in unseren Garten schlüpfte. Völlig aufgedreht lief es dann am Zaun auf und ab, weil es das Loch nicht wiederfand. Manchmal ging meine Mutter runter und half dem armen Hühnchen, wieder Anschluss an seine Gruppe zu finden. Gelegentlich regelte sich das Problem aber auch über Nacht. Nämlich dann, wenn der Fuchs auf einen kleinen Snack vorbeikam.

Unsere Küche war klein, aber ausreichend. Von ihr ging ein winziger Balkon ab, auf dem wir im Sommer manchmal frühstückten, obwohl er eigentlich viel zu eng für uns alle war. Später bezogen ihn mein Meerschweinchen und Lisas Kaninchen, die dort in genügsamer Zweisamkeit Sommer wie Winter hausten und durch die Maisenknödel, die wir an die Balkonbrüstung hängten, häufig Besuch von gefiederten Freunden bekamen.

Da die Wohnung so klein war, teilten meine Schwester und ich uns ein Zimmer. Um mehr Platz zum Spielen zu haben, schliefen wir gestapelt in einem Etagenbett, sie oben und ich unten. Abends, wenn wir im Bett lagen, ärgerte ich sie oft: „Hey, lass das!“, rief sie dann. „Hör endlich auf immer gegen meine Matratze zu treten!" Auf meiner Bettwäsche waren Szenen aus dem Film „Das Dschungelbuch". Immer wieder strich ich die Decke glatt und studierte die Charaktere: die Schlange Kah, Shir Kahn der Tiger und dazwischen Mogli, das verlorene Menschenkind. Langsam fielen mir dabei die Augen zu und der Zoo vor unserem Fenster verwandelte sich in meiner Fantasie mehr und mehr in einen Dschungel. Die Geräuschkulisse war gigantisch. Es war wie eine nächtliche Arche Noah. Stürmte es dort im Wald, was oft vorkam, geriet das Schiff auch schon mal in Seenot. Wellenartig spielte die Kapelle ihr vermeintlich letztes Lied: die angeberischen Pfauen, die glucksenden Perlhühner, das mächtige Brüllen des Löwens und als Crescendo das stolze Trompeten der Elefanten. Ich fühlte mich gut behütet, kuschelte mich fest in meine Mogli-Bettwäsche, schloss die Augen und ließ mich von dem Sturmorchester in den Schlaf wiegen.

Nicht Erster, nicht Letzter, nicht Freiwillig

Morgens wurden wir meist von einer Kutsche geweckt. Das Futter für die Tiere wurde damals noch mit zwei Pferdestärken von der Futtermeisterei in die jeweiligen Reviere gebracht. Mein Lieblingskutscher hieß Steini und trug immer eine hochgekrämpelte Wollmütze. Wenn wir morgens das Huftraben auf dem Kopfsteinpflaster hörten, standen wir aus unseren Betten auf und winkten ihm aus dem Fenster zu. Er schaute dann kurz hoch und grüßte zurück.

Mein Vater war meist der Erste, der morgens das Haus verließ. Nachdem er einen Kaffee getrunken und ein bisschen in der Zeitung gelesen hatte, stieg er auf sein Fahrrad und radelte einmal quer durch den morgendlichen Zoo zum sogenannten Verwaltungsgebäude. Der Rostocker Zoo ist in einem großen Waldstück angesiedelt. Mit der Zeit hat der Wald die Gehege eingerahmt, wie ein Passepartout ein wertvolles Gemälde, und die neuen Bewohner eingeschlossen, als wären sie schon immer da gewesen. Die frühen Stunden waren daher eine ganz besondere Zeit. Tiere und Pfleger genossen die Ruhe, die auf dem großen Gelände herrschte. Wenn der Zoo noch ohne Besucher, Gewusel und schreiende Kinder im morgendlichen Tau erwachte, konnte man, wenn man Glück hatte, Zeuge werden erster wackeliger Gehversuche frisch geborener Elchkälber oder zarter Liebkosungen des sonst so scheuen Polarfuchspärchens.

War mein Vater am Verwaltungsgebäude angekommen, stellte er sein Fahrrad ab, begrüßte den Pförtner und ging in das alte mehrstöckige Haus hinein. Das Gebäude war ein typischer Plattenbau und der ostdeutsche Verwaltungsmief muffte noch viele Jahre nach dem Ende der DDR modrig aus jeder Pore des Hauses. Die Schuhe quietschten auf dem dunkelgrauen Linoleumboden und man fühlte sich merkwürdig gebremst, wenn man die dunklen Flure entlanglief. Mein Vater ging zur Umkleidekabine der Tierpfleger, öffnete das Schloss seines grün lackierten Spinds und zog sich seine Arbeitskleidung an. Er hätte sich natürlich genauso gut auch zuhause umziehen können, doch da er quasi schon auf der Arbeit wohnte, wollte er Privates und Berufliches wenigstens durch die Kleidung trennen. Anschließend stempelte er seine Karte ab und holte beim Pförtner den Schlüssel für das Elefantenhaus.

Bevor mein Vater anfing, im Rostocker Zoo zu arbeiten, war sein Vater bereits dort angestellt. Mein Opa Wilfried war eigentlich Elektromaschinenbauer. Er war aber auch leidenschaftlicher Zoobesucher – Zoofan erster Stunde sozusagen – und trat schon als junger Mann in den Zooverein ein. Als er dann auf Grund einer chronischen Lungenerkrankung in Frührente ging, engagierte er sich ehrenamtlich, leitete eine Zeit lang die Zooschule und wurde schließlich Pförtner.

So wie andere sich für Modellbau, Autos oder Gärtnern interessierten: Opa Wilfrieds große Leidenschaft war der Zoo. An Tagen, an denen es ihm schlecht ging, ihm die Luft wegblieb und er es nicht schaffte, seinen geliebten Zoo zu besuchen, blieb er zuhause und schaute sich Tiersendungen im Fernsehen an. Später wurde daraus eine regelrechte Obsession. Er besorgte sich einen Videorekorder und nahm alles auf, was auch nur im entferntesten Sinne mit Tieren zu tun hatte. So häuften sich mit der Zeit nicht nur die bunten Zoo-Werbeprospekte, die er sammelte, sondern auch die akribisch beschrifteten VHS-Kassetten.

Mein Vater und seine zwei Geschwister verbrachten einen großen Teil ihrer Kindheit, wie sollte es auch anders sein, im Zoo. Jeden Sonntag, ob Regen oder Sonnenschein, wenn andere brav in die Kirche gingen oder sich parteilichen Aktivitäten widmeten, spazierte Familie Küchenmeister inmitten von Pinguinen, Zebras und Elefanten durch den städtischen Zoo. Während andere Kinder zur gleichen Zeit von den ausschweifenden Ausführungen des Pastors eingelullt wurden, hingen mein Vater und sein Bruder an der Hand des Zoodirektors und lauschten gespannt der immer gleichen sonntäglichen Führung.

Kein Wunder, dass mein Vater schon als Kind seine Begeisterung für die Natur entdeckte. Wurden ihm seine Zinnsoldaten und Spielzeugautos zu langweilig, zog der kleine Jörg sich seine Gummistiefel an und verließ das Haus, um auf Froschfang zu gehen. Fröhlich spazierte er dann die Straße entlang, einen kleinen roten Eimer in der einen und einen Kescher in der anderen Hand. An einem kleinen Tümpel, der ganz in der Nähe lag, hielt er dann Ausschau nach verletzten Fröschen. Sein größter Wunsch war es damals, Tierarzt zu werden, und er wollte schon mal ein wenig üben. Manchmal fand er ein humpelndes oder ein angefressenes Exemplar, oft allerdings waren alle Frösche gesund. Er sammelte sie dann trotzdem ein, setzte sie in den Eimer und trug sie stolz wie ein Jäger, der grade erfolgreich ein Wildschwein geschossen hatte, nach Hause. Während des Transports kam es nicht selten vor, dass einige Frösche mit einem Satz aus dem Eimer sprangen. Klein Jörg hatte dann große Mühe, sie alle wieder einzusammeln. Um beide Hände freizuhaben, musste er nämlich den Eimer abstellen, was auch die im Eimer verbliebenen Frösche dazu verleitete, mit einem Satz aus ihrem unbequemen Plastikgefängnis zu entkommen. Manchmal kam ihm dann sein kleiner Bruder Jan oder ein anderes Kind aus der Nachbarschaft zu Hilfe und gemeinsam sammelten sie alle flüchtigen Eimerinsassen wieder ein.

Zuhause angekommen suchte er sich schnell eine geeignete Abdeckung und stellte den Eimer vor seinem Fenster ab. Dann schaute er aus dem zweiten Stock hinunter, um sicherzugehen, dass nicht zufällig grade einer seiner Nachbarn unten entlangging. War die Luft rein, öffnete er das Fenster, nahm die Abdeckung vom Eimer, griff einen Frosch heraus und setze ihn auf die äußere Fensterbank. Mit einer kleinen Feder begann er dann, den Frosch am Popo zu kitzeln. Der Frosch mochte das natürlich gar nicht und rutschte immer weiter Richtung Abgrund. Doch Jörg kitzelte ihn noch ein bisschen und noch ein bisschen und noch ein bisschen. Bis der Frosch kurzentschlossen mit einem beherzten Sprung von der Fensterbank hüpfte. Nach diesem unfreiwilligen Suizidversuch sammelte mein Vater ihn dann unten schwer verletzt wieder ein und versuchte anschließend, ihn zu verarzten. Wie erfolgreich er dabei war, erfuhren wir später leider nicht. Wenn er uns Kindern aus dieser Zeit erzählte, lachten wir über seine Geschichten. Sein Witz und sein besonderer Humor verwandelten auch Missetaten und Fehltritte in lustige Storys. Je nach Publikum schmückte er seine Geschichten aus oder passte Details an. Aber natürlich fanden wir auch, dass es irgendwie eine fiese Art der Tierquälerei war, was er als Erwachsener auch immer betonte. Aber als kleiner Junge und angehender Tierarzt sah er das anders.

Schon als Kind wollte er den Tieren nur nah sein und lernen, sie zu verstehen. Seine gefiederten und behaarten Freunde faszinierten ihn auf eine ganz besondere Art und Weise und das sollte auch Zeit seines Lebens so bleiben. War er mit ihnen zusammen, versank er tief in seiner eigenen Welt.

Da mein Vater als mittleres Kind aufwuchs, lernte er schnell, sich durchzumogeln. Eine simple Kosten-Nutzen-Rechnung wurde Teil jeder Entscheidungsfindung. Er überlegte sich immer ganz genau, wie viel Energie er für etwas aufbringen musste und was am Ende dabei rumkommen würde. „Minimaler Aufwand, maximaler Erfolg“ war seine Devise. Das war zwar ein Balanceakt, aber es zahlte sich aus.

Vom Weg des geringsten Widerstands bog er nur ungerne ab, trotzdem ließ er sich nicht einlullen. Politisch hatte er sich schon sehr früh gegen die DDR positioniert. Er hielt sich so gut es eben ging von der Partei fern, schloss sich bereits als Jugendlicher der Umweltbewegung an und verweigerte den Dienst an der Waffe. Auf Fotos von damals trägt er Sandalen, hat lange braune, etwas zottelige Haare und oft eine Gitarre in der Hand. Im für damalige Verhältnisse rebellischen Öko-Look demonstrierte er für den Frieden und gegen die Zerstörung der Umwelt. Damals hieß die Jeans noch Niethosen und man taufte die Mitglieder der Umweltbewegung noch nach dem, was sie vermeintlich gerne aßen: Müsli. Auch mein Vater war ein Müsli und er suchte seinesgleichen vor allem im Umkreis der Jungen Gemeinde, der Jugendorganisation der Evangelischen Kirche. Anstatt irgendwelchen, wie er es nannte, „Parteiquatsch" mitzumachen, organisierten sie Paddeltouren und mehrtägige Reisen, bei denen sie sich gegenseitig Gitarre spielen beibrachten.

Mehr als ein paar Akkorde lernte mein Vater allerdings nie und je näher sein Schulabschluss rückte, desto mehr musste er realisieren, dass nicht nur die Erfolge an der Gitarre ausblieben, sondern auch die auf dem Zeugnis. Um Tierarzt zu werden, würden seine Noten zu schlecht sein. Außerdem war er nicht in der Partei und so standen seine Chancen, einen Studienplatz zu bekommen, von vornherein nicht besonders gut. Also bewarb er sich beim Rostocker Zoo als Lehrling. Er hatte Glück, bekam die Stelle und fing 1980 seine Ausbildung zum Tierpfleger an.

In den kommenden drei Jahren durchlief mein Vater die verschiedenen Reviere und lernte alles, was man im

Umgang mit Zootieren wissen musste. Während dieser Zeit mochte er besonders das Vogelrevier, denn da er schon als Kind oft kleine, verletzte Piepmätze in seiner „Praxis" wieder aufgepäppelt hatte, kannte er sich hier am besten aus. Ab dem Moment jedoch, als er das erste Mal einen Fuß ins Elefantengehege setzte, schlug sein Herz für die gemütlichen Dickhäuter und das sollte auch den Rest seines Lebens so bleiben.

Meine Mutter war auch in der Jungen Gemeinde und 1982 lernten sich meine Eltern über einen gemeinsamen Freund kennen. Mein Vater war schon immer ein Charmeur und wusste, wie er Frauen zum Lachen bringen konnte. Wenn meine Mutter über seine Albernheiten und Witze kicherte, schüttelten sich ihre blonden Locken und ihr schönes Lachen kam hinter der ernsten Fassade zum Vorschein. Weil der Mädchenname meiner Mutter Haase war, wurde sie selten mit ihrem Vornamen Sabine angesprochen, sondern meist mit „Häsi", was sie selbst allerdings „Haesy" schrieb. Einige Leute nennen sie heute noch so und einen Zusammenhang mit ihrem eher scheuen Auftreten und ihrer zurückhaltenden Art kann man nicht ganz leugnen. Mein Vater wurde von allen einfach nur Küche genannt, klar, wegen dem schönen Nachnamen Küchenmeister. Mit seinem Wesen hatte das allerdings wenig zu tun, denn Kochen war nicht grade seine Leidenschaft. Aber Haesy und Küche wurden ein gutes Team.

Optisch waren sie sehr unterschiedlich, er groß und dunkelhaarig, sie zierlich und blond, aber charakterlich passten sie gut zusammen, teilten den gleichen Humor und entschieden sich schon bald, gemeinsam zu leben. Als Jugendliche besuchte meine Mutter ebenfalls eine Zeit lang einen Nachmittagskurs in der Zooschule, denn auch sie interessierte sich für Tiere. Das war von großem Vorteil, denn schon bald sollte sich herausstellen, dass das Zusammenleben mit meinem Vater kein Leben mit dem Zoo, sondern ein Leben *im* Zoo sein sollte. Da sie eine sehr soziale Ader hatte, machte sie eine Ausbildung als Kinderkrankenschwester.

Auf Grund ihres sehr kindlichen Gesichts wurde sie oft viel jünger geschätzt, als sie tatsächlich war. Einmal klingelte ein Kollege meines Vaters bei uns und meine Mutter öffnete ihm die Tür. Er sah sie an, musterte sie von oben bis unten und fragte dann: „Sind deine Eltern zuhause?“ Meine Mutter war sehr verärgert und achtete nach diesem Vorfall sehr penibel darauf, dass sie auch immer ihren Ehering trug.

Gingen sie gemeinsam auf eine Party, stand mein Vater auf Grund seines Berufes meist nach kurzer Zeit im Mittelpunkt. Neben ihm nahm meine Mutter dann einen etwas schattigeren Platz ein, und das gefiel ihr wohl nicht immer, aber sie arrangierte sich damit. Einmal aber musste auch mein Vater sich mit der zweiten Reihe begnügen. Zur Faschingszeit erteilte der Zoodirektor persönlich meinen Eltern den Auftrag, einen Papagei aus dem Zoo zu einer Kostümparty nach Warnemünde zu fahren. Sie holten das Tier aus seinem Käfig im Vogelhaus und fuhren mit dem Taxi zu der Feiergesellschaft. Dort angekommen erfuhren sie, dass das Tier Teil einer kleinen Piraten-Show sein sollte. Heute wäre so eine Aktion undenkbar, doch zu der damaligen Zeit durften Zootiere gerne für Unterhaltung sorgen. Stumm ließ das Federvieh die Prozedur über sich ergehen und freute sich umso mehr, als es später wieder auf seiner wohlbekannten Stange sitzen konnte. Bis dahin aber stahl der gefiederte Kollege meinem Vater ordentlich die Show. Und es sollte nicht der letzte Spezialauftrag dieser Art bleiben. Oft schlug ich morgens die Ostseezeitung auf und entdeckte auf der Titelseite Bilder meines Vaters mit einem bockigen Esel an der Leine oder einer mürrischen Ziege im Schlepptau. Egal, ob Einweihung einer neuen Straßenbahnlinie, Eröffnung einer Losbude oder Verkündung einer neuen Kooperation einer ortsansässigen Firma, Jörg war am Start.

Da er neben seinem einnehmenden Beruf außerdem ein begeisterter Sportler war, bekamen wir ihn nach Feierabend manchmal nur kurz zu Gesicht. Er trank dann eine Tasse Tee, aß ein paar Kekse, zog sich seine Laufschuhe an und verabschiedete sich wieder. Er liebte es einfach, draußen zu sein, und genoss die Ruhe, wenn er durch den abendlichen Zoo joggte. Manchmal begleitete ich ihn mit dem Fahrrad. Dabei musste ich ganz schön in die Pedale treten, um mithalten zu können. Und trotz des strammen Tempos schaffte er es immer noch, mir nebenbei nervige Fachfragen zu stellen. Hörten wir auffälliges Gezwitscher, fragte er: „Was ist das für ein Vogel?“ Und blühte etwas in besonders prächtigen Farben, wollte er wissen: „Was ist das für ein Baum?“ Ich fand das immer supernervig und hatte meist auch keinen blassen Schimmer, was er meinte. Er sagte dann: „Das ist der Zaunkönig!“ oder „Das ist eine Schwarzerle. Das musst du doch wissen!“

Später offenbarte er meiner Schwester, dass er sich oft genug selbst nicht so sicher war, was genau er da vor sich hatte. Aber bevor er zugab, dass er etwas nicht wusste, erfand er lieber Antworten.

Obwohl er körperlich immer sehr aktiv war, im Hinblick auf Lebensentscheidungen war er doch eher von der bequemen Sorte. „Die Dinge regeln sich von alleine!“, sagte er oft und meistens war es ja auch so. Anstatt an einer besseren Zukunft zu feilen, wartete er lieber ab, freute sich über das Jetzt und war froh, wenn alles einfach so blieb, wie es war. Durch diese Fähigkeit, immer das Gute in allem zu sehen, strahlte er eine tiefe Zufriedenheit aus, die aus ihm einen sehr angenehmen Zeitgenossen machte. Und während sich manch Angestellter nach dem Urlaub voller Unlust wieder ins Büro quälte, freute mein Vater sich immer schon vor Abreise auf seine geliebten Elefanten.

Die Abenteuerlust, die trotzdem irgendwie in ihm steckte, kompensierte er mit Literatur. Besonders faszinierten ihn Reiseberichte von waghalsigen Touren. Später teilten mein Vater und ich diese Leidenschaft und als das große Holzregal im Wohnzimmer schon überquoll von Elefantenfiguren, schenkte ich ihm Abenteuerromane, die ich dann auch selbst las. Sein Lebensmotto „Nicht Erster, nicht Letzter, nicht freiwillig“ wollte allerdings so gar nicht zu dieser Abenteuerlust passen. „Mein Arbeitsalltag ist schon Abenteuer genug!“, sagte mein Vater, wenn ich ihn mal ein bisschen damit aufzog. Er war der festen Überzeugung, dass viel Unheil in die Welt gekommen ist, weil die Menschen mehr machten, als sie eigentlich mussten. Und das konnte ihm in seinem Leben als Elefantenpfleger zum Glück nicht passieren.

Allein in der Höhle des Löwen

An einem lauen Sommerabend waren wir mit Freunden in einer kleinen Kneipe nicht weit von uns essen. Meine Schwester und ich hatten endlos Wettrennen auf dem knirschenden Schotterweg vor dem Eingang gespielt, bis uns die Dunkelheit nach drinnen scheuchte. Dort suchte ich meine Eltern, drängelte mich zu ihnen und setze, mich zwischen sie. Meine Mutter trug einen bonbonfarbenen Flausch-Pullover, der so weich war, dass ich mich am liebsten einmal komplett in ihm eingewickelt hätte. Mein Vater hingegen trug eines seiner geliebten karierten Hemden. Ich kuschelte mich zwischen sie und alles war gut. Ich hatte eine wolkenflauschige auf der einen und eine rustikale Schulter auf der anderen Seite und die konnte es sogar mit wilden Tieren aufnehmen. Ich schmiegte mich an sie und fühlte mich sehr gut behütet.

Auf dem Heimweg wühlte ich in meiner Hosentasche. „Oh ein Glitzi!“, sagte ich stolz und hielt meiner Schwester triumphierend meinen Fund unter die Nase. Sie schaute sich den schimmernden Aufkleber von allen Seiten an, nickte mir anerkennend zu und gab ihn mir wieder. Es war der Sommer, bevor Lisa in die Schule kam, und nachdem uns jemand erzählt hatte, dass in den Pausen auf dem Schulhof Sticker getauscht wurden, stellte ich mir Schule wie eine große Aufkleberbörse vor. Ich kramte weiter in meiner Hosentasche, fand aber abgesehen von einem alten Taschentuch und einem sandigen und plattgesessenen Kaugummi keine Schätze mehr. Beides stopfte ich wieder zurück, nur den Glitzi behielt ich in der Hand. Dann lief ich zu meiner Mutter und hakte mich bei ihr ein. Wir spazierten den engen Waldweg entlang und ich gruselte mich. Überall knackte und raschelte es und erst, als wir durch unsere quietschende grüne Eingangspforte gingen und ich das Löwengebrüll hören konnte, war mir nicht mehr so mulmig zumute. Nachdem Lisa und ich noch ein bisschen in unserem Kinderzimmer an einem großen Legoturm gebaut hatten, kam unsere Mutter ins Zimmer und sagte auffordernd: „Los Kinder, jetzt ist es aber Zeit." Als ich gerade meinen Schlafanzug anziehen wollte, fiel mir der Glitzi wieder ein. Ein bisschen zerknittert lag er auf meinem Schreibtisch. Ich schaute mir den Sticker noch mal genau an und fand ihn so schön, dass ich mich entschied, ihn an mein Bett zu kleben, und zwar so, dass ich ihn immer sehen konnte.

Nach dem Zähneputzen huschten Lisa und ich schnell rüber ins Bett und knipsten beide unsere kleinen Leselampen an. Ich drehte mich mit dem Gesicht zur Wand und schaute mir die Tapete an. Sie war weiß und hatte überall so kleine bunte Farbkleckse drauf, die sich immer und immer wieder an verschiedenen Stellen wiederholten.

Wenn ich meine Augen zusammenkniff, verschwammen die Punkte und tanzten vor meinen Augen.

Als meine Mutter ins Zimmer kam, das große Deckenlicht löschte und vor unserem Bett stehenblieb, drehte ich mich um. „So ihr Mäuse, Schlafenszeit“, sagte sie und ging zum Fenster, um es zu öffnen. Die Zooluft krabbelte unter unsere Decken und der Wind pustete die Gedanken an den vergangen Tag hinaus in den Wald. Als die kühle Frische sich gleichmäßig im Zimmer ausgebreitet hatte, schloss meine Mutter das Fenster wieder und zog die Gardinen zu.

„Schlaft gut und träumt was Schönes!“, sagte sie und gab jedem von uns einen Kuss. „Papa und ich gehen jetzt noch mal kurz zum Briefkasten, die Post wegbringen und auf dem Rückweg helfe ich ihm noch kurz mit einer schweren Kiste.“

Ich hatte meine Augen schon fast geschlossen, doch plötzlich war ich wieder hellwach.

„Er hat vergessen, die ins Elefantenhaus zu räumen und sonst gehen da heute Nacht die Füchse dran“, fuhr meine Mutter fort. „Aber wir sind gleich wieder da, o.k.?“ Dann verließ sie das Zimmer und schloss die Tür.

Ich lag im Bett, hielt mich an meiner Bettdecke fest und traute mich gar nichts zu sagen. Sie konnten uns doch nicht einfach so alleine lassen! Ganz selten gingen sie mal ohne uns einkaufen, aber abends waren sie noch nie weg gewesen. „Mama!“, rief ich so laut, dass sie mich auch durch die geschlossene Tür hören konnten.

„Jaaa, was ist?“, fragte sie und steckte ihren Kopf noch einmal durch den Türspalt.

„Ich will aber nicht alleine bleiben! Ich hab Angst!“, jammerte ich. Im Hintergrund hörte ich schon, wie mein Vater sich seine Schuhe anzog und seinen Schlüssel von dem kleinen Tischchen im Flur nahm. Meine Mutter kam noch mal zu mir ans Bett, zog die Bettdecke bis unter mein Kinn und stopfte sie an den Seiten fest, so dass ich richtig gut eingepackt war. Sie strich mir über den Kopf, legte meinen Teddy neben mich und sagte: „Ihr müsst keine Angst haben. Wir sind gleich wieder da. Und wenn irgendetwas ist, dann klingelt ihr einfach drüben bei Ladwigs.“

Ich schloss die Augen und versuchte, die aufkommende Panik so gut es ging zu unterdrücken. Meine Mutter verließ erneut das Zimmer und im nächsten Moment hörte ich auch schon das Klappen der Wohnungstür.

Ich riss die Augen wieder auf. Oh Nein! Oh Nein! Oh Nein! Draußen wieherte ein Lama und rumpelte in seinem Gehege, Babyeulen schrien in den Bäumen hinter unserem Haus, weil sie ebenfalls von ihren Eltern verlassen worden waren. In solchen Momenten saß uns der Zoo im Nacken und machte uns richtig Angst. Ich überlegte, was alles passieren könnte. Wenn ein Baum auf das Gebäude mit den Terrarien fallen würde, könnten die Vogelspinnen ausbrechen und ein ganzer schwarzer Block würde sich auf den Weg zu uns machen. Der Wind hatte zugenommen. Unsere alten Doppelfenster, an denen an vielen Stellen schon die weiße Farbe abbröckelte, quietschten und knarzten. Draußen ging plötzlich der Bewegungsmelder an. Meistens lösten die Pfauen ihn aus, die frei im Zoo herumliefen, aber eigentlich waren die so spät nicht mehr unterwegs. In mir wuchs das Unbehagen. Ich verkroch mich noch tiefer unter meine Dschungelbuch-Bettdecke. Was würde Mogli jetzt wohl machen? Aber der hatte ja gar keine Eltern, die ihn allein lassen konnten. Und eine Schwester hatte er auch nicht. Meine lag über mir im Doppelstockbett und gab keinen Mucks von sich. Ich drehte mich wieder auf den Rücken und presste meine kleinen Füße von unten gegen Lisas Matratze. Leise fing ich an zu summen und wunderte mich, dass Lisa mich noch gar nicht angemault hatte, so wie sie es sonst immer tat, wenn ihre kleine Schwester sie am Einschlafen hinderte. Ich hörte auf zu summen, lauschte kurz nach oben und steckte dann meinen Kopf in ihre Richtung. „Lisa?“, fragte ich und wollte, dass sie als große Schwester sagte: „Alles in Ordnung, Mama und Papa kommen sicher gleich wieder. Mach dir keine Sorgen, außerdem bin ich ja da.“

Aber nach einer längeren Pause lugte sie nur blass von oben herunter und sagte: „Mir ist schlecht!“

Sofort schob ich meine Gruselgedanken beiseite. „Was hast du denn?“, fragte ich von unten hoch.

„Mir ist schlecht“, flüsterte sie erneut und sichtlich bedrückt. „Und warum flüsterst du?“, wollte ich wissen. „Weiß nicht. Weil alles so still ist“, flüsterte sie erneut, nun jedoch ein bisschen lauter.

„Und was machen wir jetzt?“, fragte ich sie.

„Vielleicht muss ich kotzen“, sagte sie nun nicht mehr im Flüsterton und sehr bestimmt.

Ihr Kopf lugte immer noch von oben herunter und meiner war genau darunter. Schnell zog ich ihn aus der Schusslinie und setzte mich im Bett auf. „Wenn was ist, geht ihr einfach rüber zu Ladwigs“, hatte meine Mutter doch gesagt. Mit nackten Füßen tapste ich Richtung Flur. Vor der Wohnungstür blieb ich stehen und ergriff die Türklinke. Sie war eisig und an meinen nackten Füßen merkte ich außerdem wie die Kälte von draußen unter der Tür durchkroch. Ich schaute hoch und sah, dass das kleine Sicherheitsschloss vorgeschoben war, das sich etwa zwei Handbreit über dem normalen Türschloss befand. Durch einen Drehschalter konnte man es öffnen. Ich stellte mich auf die Zehenspitzen und streckte mich so doll ich konnte, aber ich kam einfach nicht ran. Mit einem enttäuschten „Uffff“ landeten meine Fersen wieder auf dem Boden.

Lisa hatte das wohl gehört. Durch die offene Kinderzimmertür sah ich, wie ihr Kopf aus dem Hochbett hing. „Tina, was machst du?“, fragte sie.

Ich streckte mich noch einmal hoch zum Schloss, aber es reichte wieder nicht aus. „Ich komm da nicht ran!“, rief ich. „Du musst mir helfen!“ Die kleine Holzleiter vom Doppelstockbett knarzte und Lisa kam zu mir in den Flur. Sie trug ein grünes Nachthemd, ihre Haare waren verwuschelt und sie sah ziemlich blass aus. „Ich komm da nicht ran“, wiederholte ich und streckte mich demonstrativ hoch. Lisa versuchte es ebenfalls, aber auch sie war zu klein. Ich seufzte tief. „Irgendwie müssen wir da doch hochkommen“, überlegte ich. Dann fiel mir der Klappstuhl aus der Küche ein. Der war eine ziemlich wackelige Angelegenheit, aber bisher hatte er uns immer ausgehalten. „Wir brauchen den Klappstuhl, komm“, sagte ich und war schon auf dem

Weg in die Küche. Als wir ihn hochhoben, klemmten wir uns fast die Finger, da er natürlich halb zusammenklappte. Beim Rangieren aus der Küche stolperte ich ein bisschen und stieß mit dem Schienbein gegen den Türrahmen. Es tat ganz schön weh, aber ich biss die Zähne zusammen, schließlich ging es hier um etwas Größeres. An der Wohnungstür setzten wir den Stuhl ab und stellten ihn möglichst stabil hin. Mit einer Hand auf Lisa abgestützt kletterte ich rauf, kam an den Drehschalter der Türverrieglung und drehte ihn nach links. Er klemmte ein bisschen und ich musste es mit beiden Händen versuchen. Aber dann schaffte ich es. Stolz kletterte ich wieder runter, wir schoben den Stuhl beiseite und ich drückte den Türgriff herunter. Die Tür ging auf und vor uns lag der stockfinstere Flur. Heute würde ich sagen, es war „dunkel wie im Bärenarsch“! Mein Herz klopfte so laut, man hörte es bestimmt im ganzen Haus. Ich schaute Lisa an, nickte ihr zu und sagte: „Jetzt kannst du rüber zu Ladwigs gehen. So wie Mama es gesagt hat.“

Lisa schaute mich verschreckt an. „Aber ich trau mich nicht. Geh du!“, sagte sie. Sie war manchmal so ein richtiger Schisser. Also fasste ich all meinen Mut zusammen und setzte meinen nackten Fuß über die Türschwelle in den Flur. Die Steinfliesen waren kalt und ich spürte den Sand unter meinen Füßen. Sofort zog ich den Fuß wieder zurück. Dann atmete ich tief durch, setzte den Fuß erneut auf den Steinboden, machte einen Schritt und noch einen und erreichte den Lichtschalter in der Mitte des Flurs. Schnell schlug ich dagegen und lief sofort wieder zurück. Ich hatte zum Glück getroffen, und das Licht ging an.

Um den Schalter herum sah man eine dunkle Umrandung von den vielen Malen, die wir mit unseren kleinen Speckhänden den Schalter schon verfehlt hatten.

Auch wenn es nun hell war, war mir mulmig zumute. Aber es blieb keine Zeit für Zweifel, denn bald würde sich das Licht von alleine wieder ausschalten. Ich tippelte also noch mal los, darauf bedacht, Vogelspinnen, Einbrecher oder Leoparden direkt abzuwehren. Mit einem Satz rettete ich mich auf die Nachbarfußmatte und holte erstmal tief Luft.

Nun musste ich nur noch dem Löwen der ladwigschen Klingel ins Maul fassen. Vorsichtig fuhr meine kleine Kinderhand Richtung Raubtiermaul, ich streckte meinen Zeigefinger aus und drückte. Es erklang ein dumpfes „Ding Dong“, hallte noch ein bisschen nach, gefolgt von Stille. Dann hörte ich Schritte, die Tür ging auf und Frau Ladwig schaute mich verdutzt an. „Lisa geht's nicht gut und Mama und Papa haben uns allein gelassen!“, platzte es aus mir heraus. Frau Ladwig zog die Augenbrauen hoch und schaute mich mitleidig an. „Ja sowas“, sagte sie. „Keine Sorge, das kriegen wir schon wieder hin.“

Dann ging sie zu einem kleinen Telefontischchen und holte ihren Wohnungsschlüssel. Das Licht im Hausflur war schon wieder erloschen, doch für Frau Ladwig war es nur ein Schritt bis zum Lichtschalter. Sie drückte drauf und ich huschte so schnell ich konnte zurück über den Flur in unsere Wohnung, dicht gefolgt von Frau Ladwig. Sie nahm den Stuhl, der noch halb vor der Tür stand, und stellte ihn neben unser Bett. „Wo sind Mama und Papa denn hingegangen?“, fragte sie.

„Zum Briefkasten“, antwortete ich wahrheitsgemäß. Was sie dann noch hatten machen wollen, fiel mir in dem Moment nicht mehr ein.

„Und dir geht’s nicht gut, Lisa?“, fragte die fürsorgliche Nachbarin und setzte sich auf den Stuhl. Meine Schwester war gerade dabei, die kleine Holzleiter wieder nach oben zu klettern. „Jaaa, mir war plötzlich ganz schlecht. Aber jetzt ist es schon ein kleines bisschen besser“, druckste sie, ging die letzten Sprossen hoch und schwang sich über die Reling. Auch ich war wieder in mein Bett gestiegen und merkte plötzlich, wie eisig meine Füße durch den unfreiwilligen Aufenthalt im Flur geworden waren. Ich kuschelte mich in meine Decke und versuchte, sie aneinander zu wärmen. Kurz darauf hörten wir den Schlüssel im Schloss. „Oh, hallo!“, sagte mein Vater etwas irritiert, als er Frau Ladwig in unserem Zimmer auf dem Klappstuhl sitzen sah. Sie stand auf und ging zu meinen Eltern in den Flur. Ich konnte leider nicht alles verstehen, doch bevor Frau Ladwig wieder rüberging, lachten alle kurz miteinander. Ich lag gespannt da und freute mich schon auf das Lob unserer Eltern – schließlich hatten wir alles so gemacht, wie sie es gesagt hatten. Aber mein Vater sagte nur kopfschüttelnd: „Ihr seid mir vielleicht zwei Pfeifen!“ Meine Mutter kam dazu, musste immer noch ein bisschen lachen und sagte dann: „Na ja, jetzt wissen wir, dass wir euch abends wohl doch noch nicht alleine lassen können.“

Ihre Vorstellung von einem Notfall glich scheinbar keinesfalls der unseren. Meine Mutter beugte sich zu mir herunter, streichelte mir den Kopf und sagte: „Tinakind, wir kommen doch immer wieder. Wir waren nur fünfzehn Minuten weg, ganz kurz also." Ich machte große Kulleraugen und schaute sie wehleidig an. „Ja, aber Lisa war schlecht und da mussten wir doch was machen."

Sie gab mir einen Kuss auf die Stirn und sagte: „Ich weiß, ihr habt euch richtig verhalten. Beim nächsten Mal könnt ihr ja noch ein bisschen warten, ob wir nicht vielleicht doch gleich wieder da sind, o.k.?" Dann ging sie zur Tür und schaltete das Licht aus. Ich sah ihr nach und entdeckte etwas Leuchtendes an dem Pfeiler meines Bettes. Es war der schöne glitzernde Sticker, den ich vor dem Schlafengehen dorthin geklebt hatte. Anscheinend glitzerte er nicht nur, wenn das Licht an war, sondern leuchtete auch im Dunkeln. Ich strich einmal mit dem Finger drüber, drehte mich mit dem Gesicht zur Wand und stellte mir vor, wie es wäre, so viele leuchtende Aufkleber an meinem Bett zu haben, dass es nachts einfach nicht mehr dunkel würde und schlief mit diesem Gedanken ein.

KINDERTRAUMLAND

Lisa und ich hatten keine coolen Klamotten. Ich noch weniger als Lisa, weil ich ihre alten Sachen auftragen musste. Wir hatten auch kein richtig cooles Spielzeug, bekamen erst spät einen Fernseher und dann hatten wir auch nur drei Programme. Aber wir hatten den Zoo. Und seinen riesigen Spielplatz, der direkt hinter unserem Haus lag.

Am Wochenende oder in den Ferien war der Geräuschpegel dort auf Anschlag. Kinder kreischten ohne Unterbrechung und Lisa und ich waren oft an vorderster Front dabei. Wenn es allerdings zu voll war, hielten wir uns fern, denn wozu sollten wir uns an der Schaukel anstellen, wenn wir nach Feierabend so lange und so viel schaukeln konnten, wie wir wollten. Wenn wir allerdings Besuch hatten, was an den Wochenenden oft vorkam, gingen wir trotzdem rüber. Für unsere Eltern und ihre Freunde war das natürlich sehr praktisch. Ein riesiger Spielplatz direkt hinterm Haus. Welche Familie hat das schon?

Neben Rutsche, Schaukel und Klettergerüst gab es auf „unserem“ Spielplatz auch einige besondere Sachen. Eine der Attraktionen war ein Kugelstoßpendel, auch Newton-Pendel genannt. Schwere Metallkugeln hingen an dünnen

Stahlseilen in einer Reihe und wenn man die hinterste Kugel von der Reihe wegzog und zurückfallen ließ, schwang kurz darauf die Kugel am anderen Ende wie von Zauberhand hoch. Tat man dasselbe mit zwei Kugeln, hoben sich an der anderen Seite zwei Kugeln ab und so weiter. Ich war gleichermaßen fasziniert und genervt davon. Das Klack-Klack-Klack-Klack der Kugeln war mindestens genauso nervtötend wie das permanente Gejohle der Pfauen. An den Wochenenden wachten wir häufig davon auf, aber so sehr es uns auch nervte, wir konnten die Begeisterung der anderen Kinder verstehen. Häufig genug stand ich selbst ein bisschen hypnotisiert davor, schwang die bleiernden Kugeln durch die Luft und folgte ihnen mit den Augen von links nach rechts und wieder zurück. Wenn andere Kinder nicht wussten, wie das Pendel zu bedienen war, zeigte ich es ihnen milde lächelnd und tat dabei so, als müsse man das doch wissen. Einmal hielt ich meine wissensdurstige Kinderhand zwischen die schweren Metallkugeln und bereute es noch im selben Moment. Aua! Warnungen prallten an mir ab wie Regentropfen an meiner Matschhose und so blieb es leider nicht bei einer einmalig leicht lilablau geprellten Hand, sondern es kamen noch einige andere Verletzungen dazu. Ich stolperte über rumliegende Harken und Schaufeln, lief gegen Mauern, klemmte mir die Finger in den Türen und Gittertoren, wurde von übermütigen Lamas angerempelt und von aufmüpfigen Schafböcken umgerannt. Hungrige Papageien pickten durchs Geländer und glitschige und nach Fisch lechzende Pinguine zwickten mir ins Hosenbein. Und steckte ich den bockigen Ziegen den wohlbekannten kleinen Finger hin, konnte es durchaus passieren, dass sie meine ganze Kinderhand anknabberten. Dann biss ich die Zähne zusammen und wischte mir tapfer den Ziegensabber an der Hose ab. Bloß keine Angst zeigen! Das hatte ich von meinem Vater gelernt, denn wenn man vor den Tieren Angst zeigt, hat man eigentlich schon verloren. Es war ein Kräftemessen der etwas anderen Art. Während andere Kinder sich in den Neubausiedlungen mit den Nachbarskindern rauften, rangelte ich eben mit Ziegen, Lamas und Pinguinen.

Zugegebenermaßen machte es mir auch viel Spaß, Grenzen auszutesten und zu überschreiten. Ich ging extra dicht an Gitter ran, steckte meine kleinen Fingerchen durch und streichelte auch die Tiere, die deutlich zum Ausdruck brachten, dass sie grade nicht gestört werden wollten. Durch unseren „Heimvorteil" hatte ich das Gefühl, mich nicht an die Regeln halten zu müssen, die für die „normalen" Zoobesucher galten. Also tigerte ich los und musste manchmal auf schmerzhafte Weise einsehen, dass einige Kausalketten unumstößlich waren. Im Streichelzoo zum Beispiel war vorprogrammiert: Ziegenbock – Keks in der Hand –, im Dreck liegen ohne Keks in der Hand!

Den Zoospielplatz kannten wir in- und auswendig. Wir wussten ganz genau, wo den Kindern oft ihre Schätze und liebsten Habseligkeiten aus der Hosentasche purzelten. Wenn ich an den beiden Schaukeln oder an der Rutsche vorbeischlenderte, hatte ich immer ein Auge auf dem Boden. Leider hab ich abgesehen von ein, zwei angerosteten

Haarspangen und ein paar alten, sandigen Bonbons selten etwas Wertvolles gefunden. Nur einmal schimmerte tatsächlich direkt vor meinen Füßen im Sand ein echtes Fünfmarkstück. Als hätte das Universum sagen wollen: „Hier Tina, das ist für dich." Ich hob es auf, putzte es sauber und hielt es triumphierend in den Himmel. Ein echtes Fünfmarkstück! Für mich ganz alleine! Damals war das ein halbes Vermögen und ich malte mir aus, was ich mir alles davon kaufen konnte. Süßigkeiten, eine Portion Pommes oder zwei Kugeln von meinem Lieblingseis mit extra Streuseln. Ich steckte das Geld in meine Hosentasche und ging zur Schaukel. Lisa hatte keine Lust gehabt, mit runterzukommen, und so war ich nach Zooschluss ganz allein auf dem großen Spielplatz. Ich schaukelte eine Weile und dachte darüber nach, was ich mit meinem neuen Reichtum anstellen sollte. Der Imbiss, der direkt neben dem Spielplatz war, hatte leider schon geschlossen. Aber am nächsten Tag könnte ich meinen Zuckerfantasien freien Lauf lassen. Noch in Gedanken sprang ich von der Schaukel und lief rüber zu unserem Haus. Auf dem Weg traf ich Lisa, die es sich wohl anders überlegt hatte. „Hey Lisa, guck mal, was ich gefunden hab", sagte ich und die Worte stolperten so aufgeregt aus meinem Mund, dass sie sich fast überschlugen: „... eben im Sand, lag einfach so da."

Ich kramte in meiner Hosentasche und suchte nach dem Geldstück. Erst in der linken. Dann in der rechten. Oder hatte ich es doch in die Jackentasche gesteckt? Ein ungutes Gefühl überkam mich und ich krempelte alle Taschen auf links und wieder zurück. Doch das Geldstück war weg.

„Oh nein, wahrscheinlich hab ich es beim Schaukeln wieder verloren“, jammerte ich, schlug mir mit beiden Händen an die Wangen und zog eine Schnute.

„Was war es denn?“, fragte Lisa neugierig.

„Ein Fünfmarkstück“, rief ich wehleidig, steckte meine Hände resigniert in die Hosentasche und ließ den Kopf hängen. Sogar eine kleine Krokodilsträne rollte mir kraftlos über die Wange, landete geräuschlos auf meinem Pullover und hinterließ auf Höhe meines Herzens einen dunkelgrauen Fleck.

Lisa stupste mich von der Seite an. „Hey, jetzt sei nicht traurig“, sagte sie. „Komm wir gucken einfach noch mal, vielleicht finden wir es ja wieder!“ Sofort hellte sich meine Stimmung auf. Zusammen liefen wir zu den Schaukeln und suchten alles ab. Aber außer ein paar Kronkorken und einer leeren Kaugummipackung fanden wir nichts. „Och schade, ich hatte mich so gefreut!“, seufzte ich auf dem Weg nach Hause.

Leider war es nicht das einzige Mal, dass etwas, das grade erst seinen Weg zu mir gefunden hatte, im nächsten Moment schon wieder verschwunden war. Einmal hatten meine Eltern mir grade meine zwei Mark Taschengeld gegeben, als ich aufs Klo ging und das Geldstück auf den Spülkasten legte. Dummerweise wohl mitten auf die Spültaste, denn als ich diese betätigte, rutschte das Geld auf direktem Weg in die Kloschüssel und verschwand im unaufhaltbaren Strudel zur Unterwelt. Ich sah meiner bescheidenen Wochenration noch kurz hinterher und konnte nicht fassen, wie blöd ich war. Mein Geld hatte sich im wahrsten

Sinne des Wortes einfach verflüssigt. Ähnlich ging es mir auch mit einem Jogginganzug, nur dass er nicht in der Kanalisation verschwand, sondern bei einem Sportfest, nur einen Tag nachdem meine Mutter ihn mir gekauft hatte. Ein Jahr später gönnte ich mir von meinem Ersparten im Urlaub eine wunderschöne rote Mütze. Ich hatte sie genau einen Tag.

Mittlerweile habe ich mich damit abgefunden, dass ich ein bisschen tüdelig bin und glaube insgeheim ganz fest daran, dass es in meinem Leben einen Ausgleich gibt, zwischen verlorenen und gefundenen Gegenständen. Denn es ist so: Ich verliere zwar auch heute immer noch viel, aber ich finde auch viel und darunter auch durchaus brauchbare Dinge. Und wenn ich eins von dem Kugelpendel auf dem Spielplatz im Zoo gelernt hab, dann das, was man aussendet, auch irgendwie zu einem zurückkommt.

Für Lisa und mich fühlte es sich immer so an, als würde der Spielplatz uns gehören. Und so benahmen wir uns auch. Wir sorgten für Ordnung und verteidigten vehement unser Vorrecht auf die Schaukel. Ich tat das noch ein bisschen nachdrücklicher als Lisa, denn sie merkte oft gar nicht, wenn andere Kindern schon ungeduldig vor sich hin meckerten, weil sie auch endlich mal schaukeln wollten. Sie saß gedankenversunken auf der Schaukel und lutschte an ihrem Eis. Ich hingegen spürte die neidischen Blicke und das unruhige Zappeln der anderen Kinder durchaus, blieb aber mit Absicht noch ein bisschen sitzen. War ja schließlich unser Revier.

Einmal hatte ich mir fest vorgenommen, einen Überschlag hinzubekommen. Mit aller Kraft schleuderte ich meine Beine vor und zurück, vor und zurück und als ich so hoch war, wie es nur irgendwie ging, gab es diesen einen kurzen Moment, der sich ein bisschen nach freiem Fall anfühlte. Der Wind wirbelte meine blonden Locken in alle Richtungen und im Bauch kribbelte es, doch dann ging es auch schon direkt wieder abwärts. Nix da mit Überschlag.

„Hey, darf mein kleiner Bruder vielleicht auch mal schaukeln? Du bist schon voll lange drauf", riss mich ein großer Junge aus dem Training. Ich rollte mit den Augen und nuschelte genervt: „Ja, gleich!" Was ich wirklich dachte, traute ich mich nicht zu sagen: „Mein Papa ist hier der Herrscher der Elefanten. Ich schaukle so lange ich will!" Ich nahm noch einmal all meine Kraft zusammen und schaukelte so hoch ich nur konnte. Wenn es schon keinen Überschlag gab, dann wenigstens einen Weitsprungrekord. Am höchsten Punkt ließ ich die kühlen Metallketten der Schaukel los, ruderte kurz mit den Beinen in der Luft und landete dann im weichen Spielplatzsand. Schnell putzte ich mir Hände und Knie sauber und suchte mir eine andere Beschäftigung.

Schräg gegenüber von den Schaukeln standen zwei große Fliegenpilze, unter deren Hüten Griffe befestigt waren. Hielt man die fest und nahm mit den Füßen etwas Anlauf, konnte man die Pilze in Rotation versetzen. Zog man die Knie dann ein wenig an und löste die Füße vom Boden, flog man ein paar Runden im Kreis. Bis ich ungefähr acht Jahre alt war, war ich fest davon überzeugt, dass die „Fliegenpilze" so hießen, weil man an ihnen fliegen konnte.

Ernüchtert musste ich feststellen, dass es damit leider nichts zu tun hatte.

Viele Jahre reckte ich meine immer zu kurzen Kinderarme in die Luft, stellte mich auf die Zehen und versuchte vergebens, mit den Fingerspitzen die Griffe zu berühren. Doch sosehr ich mich auch mit jeder Faser meines Körpers in die Luft reckte, ich kam einfach nicht ran. Manchmal lockten meine Verzweiflungsrufe meine Schwester an. „Na Tina, soll ich dir helfen?“, fragte sie dann. Sie war ein kleines Stück größer als ich und reichte gerade so an die Griffe.

„Stell dich mal hier hin. Ja, genau so“, ordnete sie jedes Mal in sehr ernstem Ton an. „Und jetzt streck deine Arme in die Luft. Ich schieb dich hoch. Bist du bereit?“

Ich presste dann ein gequältes „Ähm ja“ heraus, denn in der gestreckten Haltung fiel es mir schwer, noch zu atmen.

„O.k., los geht's!“ Sie packte mich an der Taille und schob mich mit aller Kraft hoch. Endlich berührten meine Fingerspitzen das kalte Metall der Griffe und ich hatte es fast geschafft. Noch ein Stück, noch ein Stück und ich hing. Lisa ließ mich los und schob mich an. Leider fiel ich meist schon nach einer halben Runde in den Sand.

„Du musst dich festhalten“, sagte Lisa dann belehrend, „sonst bringt das ja nix!“

„Hab ich doch“, fauchte ich immer noch nach Atem ringend zurück. Aber so oft wir es auch versuchten, nach kurzer Zeit fingen meine Arme an zu zittern, ließen mich im Stich und ich fiel wie ein nasser Sack in den Sand. Einmal traf es mich besonders schlimm: Als ich mich wieder aufrappelte, bemerkte ich einen nassen Fleck an meinem

Hintern. Ich fasste beherzt an die Stelle und zog angewidert meine beschmierte Hand hervor. Ich wusste sofort, was passiert war: Ich war mit dem Hintern direkt in einer dicken, fetten Pfauenwurst gelandet. Die Kackhaufen waren normalerweise länglich glänzend, schwarz mit ein bisschen Weiß dran und erinnerten an Nacktschnecken. Dieser hier war nur noch ein zermanschter Haufen, weil ich ja mit meinem Hintern drin gelandet war. Ich ärgerte mich über die blöden Pfauen, die immer so majestätisch taten, aber in Wirklichkeit einfach überall hinschissen, wo unschuldige Kinder wie ich hineinfallen konnten. Lisa guckte mich mit großen Augen an. Als sie verstand, was passiert war, musste sie sich das Lachen verkneifen. Ich lief schnell nach Hause und zog mir eine andere Hose an. Zum Glück hatte ich es ja nicht weit.

War ich bei uns im Kinderzimmer, wehte der Wind nicht nur die Gerüche der Lamas und Elefanten zu mir hoch, sondern auch den herrlichen Duft von Zuckerwatte und Pommes, der aus dem kleinen Imbiss kam, der zwischen Lamagehege und Elefantenhaus direkt neben dem Spielplatz stand. In großen bunten Lettern prangte auf seinem Dach: „Kindertraumland". Der Name war Programm. Neben Pommes, Zuckerwatte und Popcorn gab es Eis und Weingummi in allen Formen und Geschmacksrichtungen. Den Inhaber nannten wir Zuckerwatten-Rolf. Ihm gehörten neben dem Kindertraumland noch andere gastronomische Betriebe im Zoo, er hatte sich ein ganzes Zucker-Imperium aufgebaut. Dass der Imbiss direkt neben dem Spielplatz lag, hatte praktische und natürlich wirtschaftliche Gründe. Es ermöglichte den gestressten Eltern, die Mäuler ihrer plärrenden Kinder mit Currywurst oder Wassereis zu stopfen und sich selbst einen Kaffee und eine Zigarette zu genehmigen. Wenn dann nur noch halbangetrockneter Ketchup und klebrige Eispackungen übrig waren, rasten die Kinder wie zuckerangetriebene Roboter zurück auf den Spielplatz. Die Eltern genossen dann den kurzen Moment Ruhe, rauchten und beobachteten das Geschehen auf dem Spielplatz aus der Ferne.

Der Imbiss war kastenförmig und nicht besonders groß. An der vorderen Front war er komplett verglast und nachdem mehrere Vögel an der Scheibe des Kindertraumlands tragisch verunglückt waren, klebte Zuckerwatten-Rolf große schwarze Aufkleber in Vogelform an das Glas. Gelegentlich flog trotzdem noch ein junger Spatz oder eine grade aus dem Nest geschubste kleine Meise gegen die durchsichtige Barriere. Noch mehr gefährdet aber waren die Kinder, die angelockt vom süßen Duft des geschmolzenen kristallinen Süßstoffes, scharenweise gegen die Glasfront liefen. Schon vor dem großen Weingummi-Regal aber war der Schmerz wie weggepustet und nur noch die kleine blaue Beule an der Stirn erinnerte an den ungeschickten Fehltritt. Neben den kleinen Schubladen, in die die Gummitiere fein säuberlich nach Form und Farbe sortiert waren, hing eine kleine Schaufel, mit der sich die Kinder ihre Zuckertüten selbst zusammenstellen konnten. Die Tüten waren rot mit weißen Herzen drauf und neben den Gummivariationen gab es noch eine kleine Auswahl an essbaren Ketten und

Armbändern. Und wem das immer noch nicht genug Süßkram war, der konnte sich an der Zuckerwatten-Schlange anstellen und bekam im Handumdrehen eine klebrige kleine Wolke am Stiel.

Ich war nicht so der große Zuckerwattefan, weil ich einfach nicht wusste, wie ich sie essen sollte. Biss ich hinein, hatte ich klebrige Zuckerreste an Wangen, Mund und Nase. Zupfte ich hingegen vorsichtig kleine Wolkenstückchen ab, hatte ich den ganzen Kladderadatsch an der Hand. Ging ich dann zu den Ziegen oder den Lamas ins Gehege und streichelte sie, klebten so viele Fellbüschel an meiner Hand, dass ich aussah, als würde ich mich gerade in ein haariges Tier verwandeln. Beides mochte ich gar nicht, also war ich immer auf der Suche nach einer weniger klebrigen Süßigkeit. Abgesehen davon erlaubten mir meine Öko-Eltern eh keine Zuckerwatte. Nichtsdestotrotz schaute ich unheimlich gerne bei der Herstellung zu. Bis heute verstehe ich nicht ganz, wie aus festem Zucker so etwas herrlich Flauschiges entstehen kann.

Kehrte man der Zuckerwattemaschine den Rücken, stand man direkt vor der Eistruhe und gleichzeitig vor einer wichtigen Entscheidung: Mini Milk, Calippo oder Bum Bum? Groß war die Enttäuschung, wenn man sich anhand der Tafel nach langem Überlegen für ein Eis entschieden hatte und dann ein leeres Fach vorfand oder, wenn man beim Auspacken feststellte, dass das der Schwester oder des Bruders viel, viel besser aussah und vielleicht auch noch größer war als das eigene. Mein Opa mütterlicherseits war diese Art der Enttäuschung irgendwann so leid, dass er anfing sehr konsequent immer genau das gleiche Essen zu bestellen wie meine Oma. Gar nicht mal so blöd!

Falls man sich weder für Zuckerwatte noch für Weingummi noch für Eis erwärmen konnte, blieben immer noch die allseits beliebten herzhaften Klassiker. Zum Radiosound der 90er servierten die fleißigen Imbissbetreiber Currywurst, Bockwurst und natürlich Pommes Schranke. Zu den Stoßzeiten gab es dann ein buntes Potpourri aus den verschiedensten Gerüchen. Der süße Geruch der Zuckerwatte vermischte sich mit der fettigen Rauchwolke aus Fritteusenfett und Bratwurst. Wenn der Wind günstig stand, wehte der Geruch zu uns hoch in die Wohnung, während wir am Abendbrottisch mit schnödem Schwarzbrot abgespeist wurden. Für mich war das der wunderbarste Geruch der Welt. Hätte es ihn als Parfüm gegeben, ich hätte mich stets mit einer Wolke aus „Eau de Kindertraumland" umgeben.

Zu unserer großen Enttäuschung durften Lisa und ich nur selten etwas im Kindertraumland kaufen. Mein Vater sagte manchmal, dass es Kindertraumland heiße, weil wir Kinder davon träumen könnten. Das fanden wir richtig gemein. Einmal aber machten sie eine Ausnahme. Es war Sommer, ich war etwa vier Jahre alt und hatte meiner Mutter geholfen, die Wäsche zusammenzulegen. „Ausnahmsweise", sagte sie mit sehr viel Nachdruck und gab mir ein Zweimarkstück. „Aber wirklich nur, weil du so brav mitgemacht hast." Das Geldstück sah noch ganz neu aus und glänzte in der Sonne. „Aber kein Wassereis!", sagte sie und fixierte mich mit einem festen Blick. Ich schaute zu ihr hoch, schüttelte den Kopf und sagte zustimmend: „Ja, weiß ich doch!" Es gab bei uns aus unerfindlichen Gründen eine strikte Trennung zwischen Wasser- und Milcheis. Ich glaube, meine Eltern vermuteten in dem verpönten Wassereis eine sehr große Menge Zucker und so war es uns streng verboten, welches zu kaufen. Das führte natürlich dazu, dass Wassereis zu etwas sehr Begehrenswertem wurde und alles an Wassereis, was uns als Kindern verboten wurde, holten Lisa und ich uns als Teenager heimlich von unserem Taschengeld zurück.

Aber noch war ich zu klein, als dass ich diese goldene Regel hätte brechen können. Nun ja, Milcheis war ja auch schon mal was. Aufgeregt lief ich rüber ins Kindertraumland, passte auf, dass ich nicht gegen die gläserne Schiebetür rannte, und blieb vor der großen Eistruhe stehen. Der süßliche Duft der Zuckerwatte stieg mir in die Nase und mit jedem Atemzug setzten sich mehr und mehr Zuckerpartikel auf meine Geschmacksnerven und steuerten von dort mein Verlangen. Es dauerte eine gefühlte Ewigkeit, bis ich mich endlich zu einer Entscheidung durchringen konnte. Ich stellte mich in die Schlange und sagte mit fester und entschlossener Stimme zu der Verkäuferin: „Ein Softeis!“. Sie sah mich auffordernd an. „Bitte“, schob ich zaghaft hinterher. Sie wandte ihren Blick von mir ab und ging rüber zur nigelnagelneuen Softeismaschine. Sie war Zuckerwatten-Rolfs ganzer Stolz und musste von den Mitarbeitern in regelmäßigen Abständen blitzeblank geputzt werden. Die Verkäuferin nahm eine Waffel, hielt sie unter einen kleinen metallischen Vorbau an der Maschine und betätigte mit der anderen Hand einen großen Hebel. Sofort wurde das Eis in einer zartcremigen Wurst aus der

Maschine gepresst und schlängelte sich zu einem hübschen Eiszipfel in die Waffel. Ich bezahlte, steckte das Rückgeld in die Hosentasche und lief rüber zum Spielplatz.

In der Sonne war es unglaublich heiß und das Eis lief schon an der Waffel runter. Ich sah rüber zu dem kleinen Drehkarussell, das meistens von einer ganzen Horde Kinder besetzt war. An diesem Tag hatte ich Glück, es war niemand drauf. Mit dem Eis fest in der Hand lief ich hin und sprang mit einem gekonnten Satz hoch. Da ich ganz alleine war, musste ich alles irgendwie parallel machen: drehen, Eis essen und aufpassen, dass ich nicht runterfiel. Ich klammerte mich mit der einen Hand an das Eis und mit der anderen an die Eisenstange und während ich mich immer schneller drehte, schaute ich nach unten auf den sandigen Boden. Gleichzeitig versuchte ich vergeblich, mit meiner Zunge das schmelzende Eis aufzuhalten. „Tiiiina! Hier!“, hörte ich plötzlich jemanden rufen. Meine Schwester winkte mir von der Schaukel. „Die will bestimmt was von meinem Eis“, dachte ich mit einem leichten Anflug von Panik und versuchte, mich so abzuwenden, dass sie die kalte Köstlichkeit nicht sehen konnte. Sofort verlor ich die Balance. Eine zweite Hand hätte mich noch retten können, aber mit der hielt ich ja das Eis fest. Ich stolperte und flog wie ein nasser Teebeutel aus der Kurve. Das Eis landete mit der Spitze im Sand und ich lag mit verknoteten Beinen wie eine verunglückte Skifahrerin auf dem Boden. An meinen Händen klebte Sand und mir war kotzübel.

„Alles o.k.?“, fragte Lisa, als sie die Unglücksstelle erreichte.

„Jaaaa siehst du doch“, sagte ich mürrisch und während

ich versuchte, meine überkreuzten Beine wieder in Position zu bringen, sah ich aus dem Augenwinkel, wie sie die Überreste von dem Softeis betrachtete. „Wo hattest du denn das Eis her?", wollte sie prompt wissen. Ich hatte mich wieder aufgerappelt, stampfte fest mit dem Fuß auf und rief laut mit einem finsteren Blick: „Das hatte ich mir von meinem Geld gekauft!"

Nachdem Lisa unserer Mutter die Geschichte erzählt hatte, gab sie uns Geld für eine zweite Portion Glück. Lisa holte sich ein Softeis, ich aber verzichtete, denn mir war immer noch schlecht. Wir setzten uns auf die Spielplatzmauer und ich sah ihr beim Essen zu.

Seit diesem Tag scheint mein Gehirn Softeis und Übelkeit in ein und derselben Schublade aufzubewahren und ich hab nie wieder eins gegessen. Sind die Synapsen erst einmal zusammengelötet, lassen die sich nicht so schnell wieder trennen. Und genauso sind bei mir auch Kindheit und Zoo in meinen Erinnerungen verschmolzen. Eine Kindheit außerhalb eines Tierparks? Keine Ahnung wie sich das anfühlt.

DER ELEFANT IM RAUM

Lisa und ich konnten einen Afrikanischen von einem Indischen Elefanten unterscheiden, bevor wir wussten, wo links und rechts ist. (Damit hab ich zugegeben heute noch manchmal Probleme.) Liefen wir den kleinen Wirtschaftsweg hinter unserem Haus entlang und gingen durch das Tor zwischen Imbiss und Elefantenhaus, standen wir auf dessen Hinterhof. Nachmittags fuhr unser Vater dort riesige Misthaufen in einer Schubkarre durch die Gegend, bugsierte Unmengen von frisch duftendem Stroh von einem Ort zum anderen oder saß einfach nur da, las Zeitung und trank grünen Tee. Er und seine Kollegen hatten sich mit vier Plastikstühlen, einem Tisch und einem ausrangierten Sonnenschirm vom Imbiss eine notdürftige Pausenecke eingerichtet. Und da sie sich die Erledigung ihrer Aufgaben frei einteilen konnten, nutzten sie diese ausgiebig und gerne. Oft beobachtete ich, wie sie ihre Mittagspause in die Länge zogen. Hatte mein Vater seinen Tee gerade ausgetrunken und wollte sich wieder an die Arbeit machen, fragte meist irgendein Kollege: „Noch ein Tässchen, der Herr?“

„Och, wenn du mich so fragst ... gerne!“, antwortete mein Vater dann und hielt ihm seinen leeren Pott entgegen. Die

Lieblingstasse meines Vaters war weiß mit einem kleinen schwarzen Elefanten drauf. Er hatte sie sicher aus irgendeinem Zooshop. Dass sie von innen auch mal weiß gewesen sein musste, erkannte man nur noch am obersten Rand, denn der Rest war von einer bräunlichen und nicht mehr wasserlöslichen Teepatina überzogen. War die Tasse nun also wieder voll, stellte er sie vor sich auf den Tisch und fiel unter Stöhnen in seinen Stuhl zurück.

„Ach nee, Kinners, uns geht's gut!“, seufzte er dann zufrieden und faltete seine Hände vor dem Bauch zusammen.

Wie sie da so saßen, hätten sie auch eine Gruppe Landschaftsgärtner sein können, die sich von einem schweren herbstlichen Laubeinsatz erholten. Ihre Arbeitskleidung war in einem satten Grün gehalten: lange Hose, Shirt, Pullover und Jacke, auf der in weißer Schrift ihre Namen zu lesen waren. Eine Vorschrift bestimmte außerdem, dass ihre Schuhe mit Stahlkappen versehen sein mussten, denn es bestand ja immer die Gefahr, dass ihnen einer ihrer Schützlinge auf den Fuß latschte. Ob die Stahlkappen einen Fußtreter ausgehalten hätten, der um die drei Tonnen wog, ist allerdings sehr fraglich.

Eine Sache unterschied die entspannte Pausengruppe dann aber doch von Landschaftsgärtnern. Wenn man genauer hinsah, erkannte man nämlich den Elefantenhaken, den sie alle lose befestigt an ihrem Gürtel trugen. Dieser Haken war ein aus Eisen geschmiedetes Werkzeug, vielleicht so groß wie ein handelsüblicher Hammer, mit einer flachen und einer etwas spitzeren Seite, mit dem man die Elefanten bei Rangeleien so ein bisschen in die Seite piksen konnte. Das tat den Elefanten nicht wirklich weh, aber machte sie aufmerksam. Zur Verteidigung bei einem richtigen Angriff wäre er allerdings völlig nutzlos gewesen. Genauso gut hätten sie mit einem Zahnstocher gegen einen Wolf kämpfen können.

Auf dem Hof der Elefanten gab es neben der spartanischen Pausenecke vor allem riesige Berge an Futter. Neben proportionierten Heu-und Strohhaufen lagen dort je nach Speiseplan haufenweise Karotten oder Futterrüben, die die Hasenpopulation einer ganzen Kleinstadt im Winter durchgebracht hätten. Die Umwandlung dieser Futterberge, in etwa handballgroße Elefantenköttel fand ich mindestens so faszinierend wie die von kristallinem Zucker in Watte. Ein, zwei Stunden nach der Fütterung lag die Notdurft der Dickhäuter auf dem ganzen Gelände verteilt und musste einzeln von den Pflegern eingesammelt werden. Wenn jemand meinen Vater fragte: „Und Jörg, was machen die Elefanten?“, dann sagte er meistens: „Das, was sie fressen!“ Füttern und Elefantenmist wegräumen waren also mehr oder weniger die Hauptaufgaben meines Vaters und seiner Kollegen. Sehr, sehr viel Mist. Dafür gingen sie mit Schubkarre und einer großen Schaufel bewaffnet ins Elefantengehege, luden die braunen und von Fliegen umschwirrten Haufen ein und fuhren mit der Schubkarre zu einem großen Container, der auf dem Hof stand. Er war an einer Seite offen und durch ein Holzbrett, das als Rampe diente, zugänglich. Mit der Schubkarre auf dem schmalen Brett zu balancieren, um die Kacke ordentlich abzuladen, war eine hohe Kunst. Eine randvollgeladene Schubkarre mit Elefantendung zu schieben sieht einfacher aus, als es tatsächlich ist. Und bei Misslingen stand man im wahrsten Sinne des Wortes knietief in der Scheiße. Wenn man diese Zirkusnummer wie mein Vater aber mehrmals am Tag performte, hatte man die nötige Übung und ausreichend Geschick.

Das Elefantenhaus war ein recht kleines Gebäude. Damit das Klima gut reguliert werden konnte, war die Eingangstür stets geschlossen. Ich wusste trotzdem, wie man hereinkam: Neben der Tür war ein Schalter, der sie wie von Zauberhand öffnete, wenn man ihn betätigte. In erster Linie war er wohl für Rollstuhlfahrer gedacht, aber ich drückte ihn nur allzu gerne, um vor Freunden mit meinem „Insiderwissen" anzugeben und sie mit diesem Sesam-öffne-dich-Trick zu beeindrucken. Und sie waren natürlich begeistert.

Schon beim Betreten des kleinen Vorraums, der sich hinter der Tür befand, liefen wir gegen eine Wand aus säuerlichem Geruch und stickiger Luft. Rechts des Eingangs befand sich ein beleuchtetes und ziemlich zugewachsenes Terrarium, das Zuhause von Achim.

Achim war eine Afrikanische Weichschildkröte und schon ein wenig in die Jahre gekommen. Er war etwas größer als ein herkömmlicher Schnellkochtopf, aber mit Sicherheit um einiges langsamer. Meist lag er einfach nur da, machte gar nichts und sah dabei irgendwie aufgeweicht aus, schwabbelig und unförmig fett. Manchmal öffnete mein Vater eine Klappe an seinem Terrarium und legte ihm ein ganzes Hähnchen hinein. So eines wie meine Oma es kaufte, wenn sie eine deftige Hühnerbrühe kochen wollte. Achim robbte dann langsam vor sich hin röchelnd zu dem toten Vogel und war für den Rest des Tages beschäftigt. In mühsamer Kleinarbeit zerkaute er das nackte Federvieh, dass in freier Wildbahn sicher nicht auf seinem Speiseplan gestanden hätte. Achims Konturlosigkeit und mangelnde Geschwindigkeit führten leider dazu, dass viele Zoobesucher ihn einfach überhaupt nicht wahrnahmen. Die Erwachsenen marschierten meist schnurstracks an ihm vorbei direkt Richtung Elefanten. Nur die Kinder blieben gelegentlich vor dem großen Terrarium stehen, schirmten die Augen mit den Händen ab und pressten ihre Nasen an die Scheibe.

„Mama, da is' ja gar nix drin!", hörte man sie dann oft klagen, bevor sie sich schnell verdrückten und nur den Abdruck ihrer plattgedrückten Nase an der Scheibe hinterließen. Mit den Elefanten konnte Achim, das aufgeweichte Reptil, einfach nicht mithalten. Später zog er ins Krokodilhaus und lebte mit den Panzerechsen in einer Art Zweck-WG. Ein gefährliches Zusammenleben könnte man denken, wer will sein Zuhause schon gerne mit Krokodilen teilen, aber selbst die ignorierten Achim. Sie lagen genauso bewegungslos da wie er und starrten mit ihm um die Wette Löcher in die Luft. Mir tat Achim immer irgendwie leid. Warum nur war er so aufgeweicht? Andere Schildkröten nutzen ihre starken Panzer, um Feinde und Gefahren abzuwehren, Achim machte er nur unbeweglich. Irgendwie schaute ich ihm trotzdem gerne zu, wenn er regungslos dalag und nur seine kleinen Nasenlöcher auf- und zugingen. Ein paar Jahre nach seinem Umzug ins Krokodilhaus erkrankte der in die Jahre gekommene Schildkrötenmann leider und musste eingeschläfert werden. Als Meister des Müßiggangs trage ich ihn jedoch für immer in meinem Herzen.

Hinter dem Vorraum gelangte man zur eigentlichen Attraktion: den Dickhäutern. Da das Haus komplett gefliest war, hallte es sehr und jeder Elefantenfurz bauschte sich zu einem kleinen Gewitter auf. Damit die Besucher wussten, welcher Elefant für das Unwetter verantwortlich war, wurden sie auf kleinen Schildern mit Name, Größe und Geschlecht vorgestellt. Außerdem erklärte ein kurzer Text die für ihre Rasse typischen Eigenschaften, was ihre Lieblingsspeisen waren und wie viel sie wogen. Leider machten sich viele Besucher gar nicht erst die Mühe, die Schilder richtig zu lesen. Mehr als einmal hörte ich, wie Eltern ihren wissensdurstigen Kindern erklärten: „Der Elefant mit den großen Ohren, das ist der Papa und der mit den kleinen Ohren, das ist die Mama." Das stimmte natürlich hinten und vorne nicht, denn der Elefant mit den großen Ohren war die Afrikanische Elefantenkuh Sara und der mit den kleineren Ohren war die Indische Elefantendame Kira. Ein Bulle wäre zum einen sehr viel größer gewesen und hätte zum anderen wohl auch separiert werden müssen. Dafür war aber in Rostock kein Platz, weshalb die Herde nur aus weiblichen Elefanten bestand. Manchmal klärte mein Vater die unwissenden Eltern auf, oft ließ er es aber auch einfach bleiben. „Hoffnungslos", sagte er dann und schüttelte resigniert den Kopf.

Meine Schwester und ich turnten im Elefantenhaus häufig am Geländer. Wir stützten uns mit den Armen ab und ließen unsere Beine durch das Gitter baumeln. Wenn unser Vater dann mit Besen und Schaufel auf der Bildfläche erschien, fixierte ich ihn so lange mit meinem Blick, bis er uns inmitten der Besucher entdeckte. Manchmal war er so in seine Arbeit vertieft, dass es ein bisschen dauerte. Wenn ich ungeduldig wurde, rief ich dann zaghaft zu ihm rüber: „Paaaaapa!“ Und so vertraut wie den Elefanten die Stimme und die Kommandos ihres Pflegers waren, so vertraut war ihm das Rufen seiner Kinder. Wenn er uns dann entdeckte, winkte er und gab uns so zu verstehen, dass wir zu ihm nach hinten kommen könnten. Schnellen Schrittes liefen wir dann aus dem Besucherbereich heraus nach draußen, gingen durch das Tor neben dem Imbiss auf den Hof und schoben dort eine schwere Holztür auf, durch die wir wie kleine Spione von hinten ins Elefantenhaus schlüpfen konnten. Am Heulager und dem Abstellbereich für die Elefantenpflegerutensilien vorbei ging es direkt zu den Dickhäutern. Meist sprangen wir jedoch zuerst mit ordentlich Anlauf direkt ins Heu und dann immer zwischen den riesigen Heuballen hin und her. Oft nahmen wir auch den Nachbarsjungen Michi mit und tobten dann zu dritt. Nach nur kürzester Zeit hatten wir überall piksige Halme in unseren Klamotten und waren von oben bis unten voll mit Staub. Doch neben dem Dreck, den wir aufwirbelten und der bei mir ganz schnell böses Husten auslöste, gab es noch eine andere Gefahr: Da die großen Ballen nur lose aufeinandergestapelt waren, mussten wir beim Hin- und Herspringen höllisch aufpassen, dass wir nicht plötzlich mit dem gesamten Heuturm umfielen. Es war eine ziemlich wackelige Angelegenheit und nicht selten purzelten wir samt Heuballen aus dem großen Holztor in den Hof. Schnell räumten wir dann mit vereinten Kräften alles wieder ein, denn wir durften zwar toben und uns raufen so viel wir wollten, aber Unordnung, die zusätzliche Arbeit nach sich zog, mochte mein Vater gar nicht. Und auch vor den riesigen schwarzen und haarigen Spinnen, die in den Ecken des Heulagers lebten, mussten wir uns in Acht nehmen.

„Die fressen am liebsten kleine Kinder“, sagte mein Vater manchmal. „Zum Beispiel solche wie euch.“

Dann krabbelte er mit seinen Fingern in unseren Nacken. Mir zog sich dabei immer alles zusammen, denn ich war schon mal beim Toben zu weit in die Ecke gekommen und hatte mit eigenen Augen gesehen, wie ekelig die Spinnen tatsächlich waren. Riesig, dick und bewegungslos hockten sie da und hatten ungestört ein so dichtes Netz gesponnen, dass die Wand komplett dahinter verschwand. Weiß eingehüllt sah sie aus wie der Eingang zu einem Gruselkabinett. Ich vergaß die sechsbeinige und haarige Gefahr nur, wenn ich ganz und gar ins Spielen vertieft war.

Meist ging mir dann irgendwann die Puste aus, denn ich hatte eine sehr schwache Lunge. Genau wie mein Opa Wilfried litt ich als Kind an einer chronischen Bronchitis und war oft krank. Nach dem Toben brauchte ich meist einen kleinen Moment, um wieder zu Kräften zu kommen, und während Lisa und Michi noch weiter im Heu spielten, verließ ich das Heuparadies, wanderte im Elefantenhaus herum und schaute mir alles ganz genau an.

Hinter dem Heulager kam man an einer Klappe vorbei, die nur mein Vater öffnen konnte, denn dazu brauchte man einen Schlüssel. Sie führte zu Achims Terrarium. Ging man noch weiter, tauchte man mit jedem Schritt tiefer in die Welt der Elefanten ein. An der steinernen Wand lehnten Besen, Harken, Schaufeln und Schubkarren in verschiedensten Formen und Größen. Manchmal, wenn ich zu schnell an den nach Form und Funktion sortierten Gerätschaften vorbeilief und unvorsichtig eine Harke oder Schaufel rammte, löste ich eine unglückliche Kettenreaktion aus. Mit lautem Krachen, Poltern und Scheppern fiel alles der Reihe nach in den Gang und der Lärm alarmierte nicht nur meinen Vater, sondern auch die Elefanten. Nachdem ich ein paar Mal für meinen Fehltritt von einer ganzen Rüsselbande mit lautem Trompeten ausgebuht wurde, lief ich immer sehr vorsichtig den Gang entlang und achtete penibel darauf, wo ich hintrat.

An der Wand stand außerdem eine große und robuste Holzkiste, in der altes Brot aufbewahrt wurde, mit dem die Elefanten gefüttert wurden. Wenn ihre Klappe auf war, konnte ich grade so über den Rand gucken.

An einem Tag hatte ich mir vorgenommen, meinem Vater beim Füttern der Elefanten zu helfen. Er klappte mit beiden Händen den Deckel der Kiste hoch, beugte sich tief hinein und holte ein paar Mischbrote und eine Packung Knäckebrot heraus. Dann klappte er den schweren Deckel wieder runter und ich folgte ihm schwerbeladen mit Brot Richtung Elefantenstall. Am Ende des Gangs war eine

Türöffnung, die durch ein schweres Schiebetor aus Metall verschlossen werden konnte. Unter der Tür war eine Abflussrinne und war die Tür geschlossen, sah man manchmal einen dunklen Schatten an der Rinne entlangpusten auf der Suche nach übrig gebliebenen Krümeln. Zentimeter für Zentimeter erschnüffelte sich der Dickhäuter ein Stück Knäckebrot oder eine alte Möhre und versuchte, sie mit dem Rüssel zu greifen. Hing der Pausensnack jedoch unter der Tür in der Abflussrinne, hatte der wuchtige Rüssel keine Chance und musste warten bis einer der Pfleger die schwere Eisentür beiseiteschob.

Schon von weitem sah ich, dass die Tür heute bereits offen stand. Ein ganzer borstiger Rüssel und ein halbes dickhäutiges Elefantenbein ragten in den Gang. Mehr passte zum Glück nicht hindurch. Die Elefanten hatten das Klappern der Brotkiste gehört und sich voller Vorfreude an der Tür aufgereiht. Mein Vater schob Bein und Rüssel beiseite und zwängte sich in den Stall. Sofort wurde er von zwei kräftigen Rüsseln belagert, doch mit einem strengen „Calm down!“ brachte er sie dazu, von ihm abzulassen und einen Schritt zurückzugehen. Ich stand immer noch am Tor und wartete auf ein Zeichen. Erst, als mein Vater mir zunickte, traute ich mich zögerlich zu ihm und den beiden Elefanten.

Im Elefantenstall ließ mein Vater all seine Blödeleien bleiben und wurde ganz ruhig und bestimmt. Gewissenhaft folgte ich seinen Anweisungen, denn schon ein kleiner Fehler konnte schwerwiegende Folgen haben. Ehrfürchtig trat ich an die beiden Elefanten heran und berührte ihre Rüssel. Das ist wie „Guten Tag“ sagen, Shake Hands, nur eben mit einer Hand und einem Rüssel. Sie schnupperten mich erst von oben bis unten ab, fummelten dann aufgeregt an meiner Jackentasche und versuchten vergeblich, die Öffnung zu finden. Offensichtlich hatte ich einen Kaugummi oder ein altes Bonbon gebunkert. Mein Vater knuffte ihnen in den Rüssel und gab ihnen unmissverständlich zu verstehen, dass sie das lassen sollten. Ich fand das o.k. Schließlich teilte ich schon meinen Vater mit ihnen, da mussten sie ja nicht noch meine Süßigkeiten bekommen.

Er beruhigte die Tiere und gab mir noch ein paar letzte Anweisungen: „Geh nie von hinten an sie ran. Das mögen sie gar nicht. Auch nicht hinter ihnen stehenbleiben. Und wenn du ihnen gleich das Brot gibst, schiebst du es schön weit in ihr Maul rein, ja?“ Ich erwiderte ein knappes „Ja mach ich“, denn theoretisch wusste ich das ja alles. Schon im Windelalter hatte mein Vater mir und meiner Schwester diese Verhaltensregeln immer wieder eingetrichtert und noch bevor ich wusste, wie man richtig mit Messer und Gabel isst, wusste ich, wie ich mich in der Anwesenheit eines Elefanten zu verhalten hatte.

Beherzt nahm ich also das erste Brot in die Hand. „Guck mal das kleine Mädchen da“, hörte ich jemanden im Besucherraum flüstern. „Hat die denn keine Angst?“ Aber die hatte ich nicht, nur Respekt und Ehrfurcht. Verstohlen schielte ich in die Zuschauerreihen und verstand, was es für die Zootiere hieß, jeden Tag beglotzt und kommentiert zu werden. Ähnlich wie sie versuchte ich, das Getuschel gekonnt zu ignorieren und mich weiter auf die Futterausgabe zu konzentrieren. Schließlich hatte ich alle Hände voll zu tun.

Ich war oft im Elefantenstall, aber es war immer wieder ein ganz besonderes Erlebnis, diesen riesigen Tieren ohne jeglichen Schutz gegenüberzustehen. Im Vergleich zu ihnen war ich ein Winzling. Ich ging ihnen wenn überhaupt bis zum Oberschenkel.

Wenn man mit einem oder mehreren Elefanten in einem Raum steht, dann ist das eigentlich permanent so wie in einem Boxring. Der eine bewegt sich in die Richtung und der andere in die andere und man selbst versucht, durch aufmerksames Gucken und Beobachten sein Gebiet abzustecken und zu verteidigen. Kamen die Dickhäuter mir zu nahe, musste ich ihnen sofort unmissverständlich klarmachen, dass sie zu weit gingen und ich das nicht mochte. Dazu musste ich auf jedes noch so kleine Zeichen achten und ihre Körpersprache aufs Genauste deuten können. Distanz und Nähe waren zwei Größen, die sich permanent veränderten und irgendwie kontrolliert werden mussten. Mein Vater und seine Kollegen taten das in erster Linie mit ihrer Stimme. Wenn sie mit den Elefanten sprachen, taten sie das immer ganz ruhig, mit klaren Worten und in einem festen Ton.

Als Kind dachte ich, mein Vater spräche mit ihnen in einer Geheimsprache, die nur sie und er verstehen konnten. Später merkte ich, dass es nur Englisch war: „Lay Down", wenn sie sich hinlegen sollten, „Get Up", wenn sie wieder aufstehen sollten. Wenn sie aber mit ihrem Rüssel etwas transportierten und es irgendwo hinlegen sollten, kam der Befehl auf Deutsch: „Leg ab!" Die Vermischung beider

Sprachen passierte nicht ohne Grund, sondern hatte damit zu tun, dass die Elefanten natürlich entweder aus Asien oder aus Afrika kamen und die Pfleger dort meist auf Englisch mit ihnen redeten. Die englischen Befehle, die die Tiere schon kannten, wurden einfach weiterverwendet.

Das erste Wort der Kommandos zog mein Vater meist sehr in die Länge, um das dann folgende kurz und knackig wie ein Ausrufezeichen hinterherzuschieben. Das klang dann so: „Leeeeeeeeeg ab!" oder „Hiiiiiiier, komm her!" Er wiederholte das so oft mit fester Stimme, bis der Befehl ausgeführt wurde, und das konnte schon mal ein paar Minuten dauern.

Das Vertrauensverhältnis zwischen meinem Vater und seinen Elefanten war wirklich beeindruckend. An seiner Stimmlage erkannten sie genau, wie ernst er es meinte. Elefanten können genauso herausfordernd und starrsinnig sein wie Kinder. Sie spielten, provozierten und testeten ihre Grenzen aus. Wenn ich oder meine Schwester ausloten wollten, wie weit wir gehen konnten, war das für meinen Vater allerdings nicht lebensgefährlich – bei den Elefanten war es das schon. Manchmal kam es vor, dass sie zwar genau verstanden hatten, was er von ihnen wollte, aber einfach nicht reagierten. Wenn sie „doof taten", wie er es nannte, zog er andere Seiten auf und wiederholte sein Anliegen so lange in einem strengeren Ton, bis sie sich beugten. Es war ein ständiges Kräftemessen.

„Uuuuuup, Sara, Uuuuuup!", versuchte er nun, die Elefantenkuh Sara dazu zu bewegen, ihren Rüssel nach oben zu

werfen, damit ich das Brot in ihr Maul legen konnte. Er wiederholte das Kommando noch zweimal, bis sich die gemütliche Dame dazu bequemte, dem Wunsch ihres Pflegers zu folgen. Sara wackelte mit dem Kopf und erst nachdem sie mir das Brot mit ihrem Rüssel fast schon aus der Armbeuge gedrückt hatte, machte sie Anstalten, dem Befehl meines Vater zu folgen. Schwungvoll warf sie den schweren Rüssel nach hinten und öffnete gleichzeitig ihren Schlund. Mein Vater stellte sich hinter mich, packte mich an der Taille und hob mich hoch zu dem geöffneten Elefantenmaul. Kurz betrachtete ich die riesige rosa Zunge, die schon voller Vorfreude nach der kleinen Leckerei tastete, doch der feste Griff meines Vaters drückte mich an der Hüfte und ich schob schnell das Brot in den Schlund, bevor er mich sanft wieder absetzte. Sara nahm den Rüssel
wieder runter, schloss das Maul und zerkaute mit zwei Hapsen des ganze Brot. Kaum hatte sie runtergeschluckt, streckte sie ihren Rüssel in meine Richtung auf der Suche nach mehr.

Doch nun war erstmal die zweite Elefantendame an der Reihe. Kira hörte ein bisschen besser auf meinen Vater und schwang ohne große Widerrede ihren borstigen Rüssel durch die Luft und streckte uns ihr offenes Maul entgegen. Mein Vater schob das Brot hinein und signalisierte ihr mit zwei kleinen Klapsen auf die Zunge, dass sie ihren Rüssel wieder herunter und den köstlichen Snack verspeisen konnte.

So friedlich waren die Elefanten jedoch nicht immer. Gerade wenn es ums Fressen ging, gab es oft Rangeleien.

Dann versteckte ich mich hinter den Beinen meines Vater. Tastend und schnüffelnd folgte mir manchmal ein stoppelborstiger, tropfender Rüssel, der von ihm energisch und bestimmt beiseitegeschoben wurde.

Wenn die Elefanten alles verputzt hatten und merkten, dass es nichts mehr zu holen gab, wandten sie sich ab und schlenderten davon. Wir verließen dann den Elefantenstall und mein Vater widmete sich seiner restlichen Arbeit. Dazu gehörte auch die Pflege der Elefantenfüße, die mindestens einmal die Woche anstand. In den Weiten der afrikanischen Savanne oder der indischen Steppe hätten sie sich ihre Hornhaut einfach abgelaufen, aber im Zoo mussten das die Pfleger übernehmen. Für die Dickhäuter war das jedes Mal eine Geduldsprobe. Während die Pfleger an einem ihrer Füße zugange waren, mussten sie auf den verbleibenden drei ausharren, was bei ihrem Gewicht gar nicht so einfach war. Die Pediküre konnte da schon mal zu einer kleinen Tortur werden. Mit den Jahren gewöhnten die Tiere sich allerdings daran.

Mich faszinierte immer, wie sie sich trotz ihrer Masse fast lautlos fortbewegten. Was ich Fliegengewicht im Hausflur nie hinbekam, meisterten sie mühelos trotz ihrer tonnenschweren Erscheinung.

Wenn mein Vater seine Arbeit getan hatte, schloss er das Elefantenhaus ab und stieg gemütlich auf sein Fahrrad. Er brachte den Schlüssel zurück ins Verwaltungsgebäude und duschte sich. Dann hängte er seine Arbeitssachen in den Spind und zog sich um. Frisch geduscht und in zivil radelte er dann durch den Zoo zu uns nach Hause. Er kam immer um die gleiche Uhrzeit, denn Überstunden musste er nur ganz selten machen. Und so quietsche gegen siebzehn Uhr das Tor und wir wussten: Jetzt kommt Papa! Oft warteten wir schon auf ihn, saßen im Sommer auf unseren gepackten Badetaschen, luden, wenn er dann endlich kam, alles ins Auto und fuhren ans Meer. Die meisten Urlauber waren um die Zeit schon auf dem Heimweg und wir hatten den Strand für uns alleine. Der Sand war aufgewärmt und die salzigen Ostseewellen rollten sanft Richtung Ufer und spülten den Tag von uns ab. Es war herrlich. Die frühen Abendstunden sind immer noch meine Lieblingstageszeit. Es ist, als hätte ich das wohlige Gefühl von damals abgespeichert und so verinnerlicht, dass es jeden Tag zur gleichen Zeit hochkommt.

Waren wir vom Strand zurück, gab es Abendbrot und dann schleppten Lisa und ich unsere sonnengetrockneten Körper müde ins Bett. Auf dem Weg dorthin hinterließen wir eine Spur aus feinem Strandsand, die sich durch die ganze Wohnung zog. Kam unser Vater dann in unser Zimmer, um noch mal zu lüften, blieb er immer kurz am Fenster stehen, drehte sein Ohr Richtung Elefantenhaus und lauschte kurz nach ungewöhnlichen Geräuschen. Er hörte sofort, wenn etwas nicht in Ordnung war. Manchmal ging er dann rüber und schaute nach dem Rechten. Richtig Feierabend hatte er nie und trotz des sehr liebevollen Verhältnisses, das ich mit ihm hatte, so passten in die Lücke, die zwischen uns war, immer mindestens zwei Elefanten.

DER BERG RUFT

Irgendwann kam der große Tag, als ich das erste Mal auf einem der Elefanten reiten durfte. Ich war ungefähr fünf Jahre alt und hatte meinen Vater schon eine ganze Weile angebettelt.

„Lisa durfte auch! Warum ich nicht?“, zeterte ich ununterbrochen. Wenn ich etwas wirklich wollte, ließ ich so lange nicht locker, bis ich es bekam. Und dass Lisa schon auf einer der Elefantenkühe gethront hatte und ich nicht, wurmte mich so sehr, dass ich bei dieser Sache besonders hartnäckig war, denn eigentlich war ich die Mutige und Abenteuerlustige von uns beiden, nicht sie.

Lisa war für mein Empfinden in allem irgendwie etwas langsam. Wenn wir zusammen auf ein großes Klettergerüst stiegen, trennten sich unsere Wege schon nach den ersten Zügen. Während ich mir schon vor dem Aufstieg einen Masterplan ausgeheckt hatte und mich so schnell es ging ganz nach oben hangelte, hing Lisa schon bald träumend im ersten Drittel fest und verkomplizierte ihren Aufstieg durch umständliche Bewegungen und heftiges Fluchen. War ich oben angekommen, winkte ich meinen Eltern und versuchte dann, Lisa zu ermutigen.

„Los trau dich ruhig, ich pass auf dich auf!", rief ich dann zu ihr runter und das meinte ich ernst. Obwohl sie ein bisschen größer und natürlich auch älter war als ich, dachten viele ich sei die Große. Lisa störte das manchmal, aber im Grunde schien es ihr egal. Sie war vor allem froh, wenn ihre kleine, quirlige Schwester endlich mal die Klappe hielt. Manchmal spielten wir auch, dass wir Zwillinge sind, zogen uns gleich an und hatten viel Spaß dabei, die Leute zu verwirren.

Dass sie sich nun getraut hatte, auf einem Elefanten zu reiten, lag wahrscheinlich daran, dass sie genauso tiervernarrt war wie unser Vater. Die beiden ähnelten sich sehr und eine besondere Art der Seelenverwandtschaft verband sie. Es gab wenige Tiere, vor denen Lisa Angst hatte. Sie war einfach zu neugierig dafür. Irgendwann fing sie sogar an, Kreuzspinnen in einem Glas zu sammeln, das sie bei uns im Kinderzimmer ins Regal stellte. Ich fand das furchtbar ekelig und merkte schnell, dass wir in Sachen Tierliebe nicht auf einer Wellenlänge lagen. Doch auf einem Elefanten reiten, das wollte ich auch unbedingt.

Also bettelte ich zu jeder Gelegenheit und hatte unseren Vater irgendwann weichgekocht. Meine Mutter fand die Idee nicht so gut, aber Jörg sagte nur: „Sabine, ich bin doch dabei. Da passiert schon nichts."

Ich war furchtbar aufgeregt. Ein bisschen fühlte es sich an wie eine Feuertaufe. Wie wenn Bauernkinder das erste Mal Trecker fahren oder Kapitänssprösslinge mit auf die Brücke dürfen oder Trucker-Kids ihren ersten LKW lenken.

Am großen Tag, einem Samstag, war ich so nervös, dass ich beim Frühstück kaum einen Bissen runterbekam. Vor lauter Vorfreude knetete ich meinen kleinen Stoffelefanten, der am Frühstückstisch auf meinem Schoß saß, mit feuchten Händen durch und schnüffelte an seinem Ohr. Das machte ich oft, um mich zu beruhigen. Gegen zehn Uhr quetschte ich Fanti in meine Jackentasche und lief runter zu meinem Vater. Am Kindertraumland duftete es schon herrlich nach Fritten, doch ich hatte heute eine andere Mission.

Als ich am Elefantenhaus ankam, lief mein Vater grade mit einer großen Schubkarre voll Heu über den Hof. Er entdeckte mich und rüttelte an den Griffen, so dass es aussah, als würde er den Karren nur mit Mühe vom Umkippen abhalten können. Ich lachte laut los und lief zu ihm. Er stellte die Schubkarre ab und nahm mich in den Arm. Er roch etwas streng nach Elefantenhaus, doch das kannte ich ja. Wir lösten uns aus der Umarmung, er beugte sich zu mir runter und flüsterte: „Die Elefanten bekommen jetzt noch etwas zu essen und dann geht's auch schon los, o.k.?“ Ich nickte energisch und voller Vorfreude. Dann merkte ich, wie mir das Herz ganz langsam bis zu den Knien hinunterrutschte und ich doch irgendwie Schiss bekam. Aber kneifen konnte ich nicht mehr, denn dafür hatte ich zu lange gebettelt. Also schluckte ich meine Angst runter und folgte meinem Vater ins Elefantenhaus. Während er mit der Heuladung auf die grauen Riesen zusteuerte, machte ich mich auf den Weg in die Wärterstube. Meist bunkerten die Pfleger dort Kekse oder anderes Gebäck und auf Grund meines spärlichen Frühstücks hatte ich Hunger.

Ich drehte mich um, bog rechts in einen kleinen Raum ein und ging drei große Stufen hinunter. Die kleine, notdürftig eingerichtete Stube diente den Pflegern als Lagerstätte, Pausenraum und irgendwie auch als Kuriositätenkabinett. Es war ziemlich dunkel dort und überall lagen staubige Dinge rum, die irgendwie was mit Elefanten zu tun hatten. Besonders spannend fand ich die alten Backenzähne, die hübsch aufgereiht in einem der Regalfächer lagen und die im Vergleich zu meinen Milchzähnen, die ich der Zahnfee unters Kopfkissen legte, riesig waren.

In dem kleinen Raum gab es außerdem eine kleine Teeküche mit einem Wasserkocher, ein paar zusammengewürfelten Tassen und einer alten Blechdose mit Vatis geliebtem grünem Tee. In einer Ecke thronte ein altes türkis-weiß gestreiftes Sofa, das früher mal bei uns im Wohnzimmer gestanden hatte. Hier saßen die Elefantenpfleger, wenn es draußen regnete und die weißen Plastikstühle der Pausenecke nass waren, tranken Tee und lauschten den vertrauten Geräuschen der Dickhäuter nebenan.

Auf einem kleinen Tisch lag eine Auswahl an verschiedenen Elefantenhaken. Einige waren ein ganzes Stück größer als die, die die Pfleger jeden Tag am Gürtel trugen. Die nahmen sie nur mit, wenn sie vorhatten, mit den Elefanten den Zoo zu verlassen. Heute wären solche Ausflüge in den angrenzenden Wald undenkbar, aber zur damaligen Zeit gingen sie regelmäßig mit den Elefanten außerhalb des Zoogeländes spazieren. Sie öffneten dann einfach das große Tor, das hinter dem Elefantenhaus zur Straße führte, schauten prüfend nach links und rechts und spazierten, wenn keine Straßenbahn kam, im Gänsemarsch aus dem Zoo heraus. Ein Pfleger vorneweg und zwei Dickhäuter hinterher. Jogger und Spaziergänger staunten dann natürlich nicht schlecht, wenn ihnen auf ihrer morgendlichen Runde plötzlich ein Elefantenhintern den Weg versperrte. Manchmal bekamen die Elefanten ein paar Spezialaufgaben, räumten zum Beispiel nach einem Sturm umgefallene Baumstämme weg und machten Wege so wieder begehbar.

Eine große Aufregung gab es auch immer, wenn die Elefanten gewogen werden sollten. Da im Zoo keine solch große Waage zur Verfügung stand, mussten sie sich durch den Wald auf den Weg zum Gelände einer nahegelegenen Speditionsfirma machen, auf deren LKW-Waage die Tiere dann gewogen wurden – häufig gefolgt von einer ganzen Entourage an Pressevertretern und Fotografen, denn das war natürlich ein willkommenes Spektakel. Wurde die Geschichte dann am nächsten Tag in der Zeitung ausgebreitet, klang der Text fast ein bisschen wie die Beschreibung einer brandneuen Folge „Benjamin Blümchen“. Nur die Zuckerstückchen fehlten, denn so etwas fütterte mein Vater natürlich nicht.

Auf dem Tisch in der Elefantenwärterstube fand ich eine angebrochene Packung Softkekse mit Orangenfüllung. Ich nahm mir einen und knabberte behutsam den Schokorand ab, bevor ich den restlichen Keks mit zwei Happen in meinem Mund verschwinden ließ. Den Geräuschen im Flur zufolge war mein Vater jetzt dabei, den Elefanten noch etwas Wasser zu geben. Ich hörte, wie er den riesigen

Wasserschlauch aus dem Raum neben dem Heulager über den Boden Richtung Elefantenstall zog. Der Wasserschlauch war so lang, dass er bis auf das Außengelände reichte, und dementsprechend schwer und wuchtig. Jeden Tag spritzten die Pfleger damit die Elefanten ab und reinigten das Haus. Ab und an machte sich unser Vater aber auch einen Spaß, stellte das Wasser an und jagte uns damit aus dem Haus. Wenn der Staub vom Heutoben sich dann mit dem Wasser mischte, sahen wir ein bisschen aus wie kleine panierte Zwerge.

Neben dem Saubermachen mussten mit dem Wasser natürlich auch die Elefanten getränkt werden. Sie tranken immerhin zwischen 70 und 150 Liter am Tag. Um diesen großen Durst zu stillen, montierte mein Vater einen Wasserschlauch an eine Schubkarre und stellte sie ins Gehege. Dann ging er zurück und drehte den Wasserhahn an. Während seiner kurzen Abwesenheit schoben die Elefanten die Schubkarre mit ihren kräftigen Rüsseln gerne woanders hin. Oder fummelten den Wasserschlauch von der Schubkarre ab und setzten das ganze Elefantenhaus unter Wasser. Wenn sie tranken, sogen sie das Wasser mit ihrem Rüssel wie durch einen Strohhalm ein, steckten sich ihre vollgetankte Nase in den Mund und ließen das heraufgesogene Wasser hinunterlaufen.

Wir Kinder ahmten dieses Verhalten zum Leid unserer Eltern gerne nach. Am liebsten, wenn wir irgendwo in einer Gaststätte waren, denn dort wurde die Apfelschorle meist direkt mit Strohhalm geliefert und den brauchten wir für unser Trinkspiel. Geräuschvoll sogen wir die Flüssigkeit in den Halm bis er voll war, nahmen ihn aus dem Mund und schlossen so schnell wie möglich das eine Ende mit dem Zeigefinger, um die kühle Schorle durch das andere Ende in den Mund laufen lassen zu können. Das wiederholten wir so lange, bis unser Vater genug hatte und uns mit strenger Elefantenpflegerstimme befahl, endlich aufzuhören.

„Tina kannst du mal bitte hinten den Hahn aufdrehen?", hörte ich meinen Vater aus dem Elefantenstall rufen. Ich steckte mir schnell noch einen Keks in den Mund und lief in den Gang.

„Jaaaa mach ich!", brüllte ich zurück. Ich hatte vergessen, wie sehr es im Elefantenhaus hallte, und meine Stimme tönte lauter, als ich eigentlich gewollt hatte.

Der Hahn war so fest zugedreht, dass ich ihn mit beiden Händen packen und mich mit ganzer Kraft dagegen stemmen musste, damit er sich mit einem Ruck bewegte. Ich drehte ihn so weit es ging auf und lief dann in den Elefantenstall zu meinem Vater. Da der Schlauch so lang war, kam das Wasser gleichzeitig mit mir an. Die Elefanten erblickten mich, interessierten sich aber mehr für das kühle Nass. „Wenn die hier fertig sind, geht es los. Du kannst schon mal hinten auf den Hof gehen", sagte mein Vater. „Ich komm dann da auch gleich hin."

Ich schaute ihn zögerlich an – da war sie wieder, meine Aufregung. Ich biss mir einmal kurz verlegen auf die Unterlippe, tat dann aber wie mir befohlen und verließ mit langsamen Schritten den Elefantenstall. In der Wärterstube griff ich mir noch einen dritten Keks, dann schlenderte ich nach draußen auf den Hof. In der kleinen Pausenecke saß ein Kollege meines Vater und las in der GEO. Ich sagte kurz: „Hallo!“, und setzte mich zu ihm. Ein paar kleine Spatzen pickten übrig gebliebene Krümel vom Boden und hüpften fröhlich vor sich hin. Hinter dem Zaun fuhr mit lautem Geratter die Straßenbahn vorbei. Sie erinnerte daran, dass es ein Leben außerhalb des Zoos gab, in dem Menschen von A nach B fuhren und Termine einhalten mussten. Im Zoo tickten die Uhren etwas anders. Zeitdruck und Stress waren Fremdworte.

Als die Bahn vorüber war, ertönte das laute stählerne Knarzen des großen Stalltors. Ich sah hinüber und erblickte meinen Vater, der mit Sara im Schlepptau auf den großen Hof trat. Die Elefantendame, trottete langsam hinter ihrem Pfleger her und hinterließ mit ihrem Rüssel eine lange Tropfenspur, da sie ja gerade erst getrunken hatte.

„Na dann komm mal her, Tinakind“, sagte mein Vater und winkte mich herbei. Ich sprang vom Stuhl und rannte los.

„Langsam, langsam!“, ermahnte er mich. „Du weißt, sonst erschrecken die sich.“

Ich hielt an und ging nun also in ganz langsamen Schritten auf die beiden zu.

„Also es ist ganz einfach“, erklärte mir mein Vater. „Sara legt sich jetzt hin und dann kletterst du über das vordere Bein auf ihren Rücken. Wenn du oben bist, setze ich mich hinter dich. Am besten rutscht du ganz dicht hinter die Ohren. An denen kannst du dich auch gut festhalten. Und du machst schön, was ich dir sage, ja?“

Den letzten Satz sagte er mit sehr viel Nachdruck.

„Ja Papa, mach ich!“ erwiderte ich brav. „Aber wenn sie aufsteht, dann schaukelt es doch bestimmt, oder?“

Mein Vater schob Sara noch ein paar Äpfel in den Mund, wandte sich zu mir und sagte: „Na ja klar, ein bisschen wackelt es schon da oben. Deshalb musst du dich ja auch gut festhalten."

Huiuiui, das war ganz schön aufregend, doch ich tat alles, um mir meine Unsicherheit nicht anmerken zu lassen. Im nächsten Moment hörte ich meinen Vater auch schon sagen: „Sara, laaaaay down!" Sara aber machte keinerlei Anstalten, sich hinzulegen. Erst beim dritten Mal bequemte sie sich. Für ihren massigen Körper bedeutete es einige Anstrengung, besonders beweglich sind Elefanten nicht. Als sie schließlich auf dem Boden saß, ging mein Vater zu ihrem rechten Vorderbein, klopfte einmal beherzt drauf und sagte: „Hier kannst du hochklettern, das ist ein bisschen wie eine Leiter."

Ich stellte mich neben ihn und er hielt mir seine große und vom Arbeiten schwielige Hand hin, um mich zu stützen. Mit seiner Hilfe kletterte ich in zwei Sätzen auf Saras Bein und von dort weiter. Es kam mir vor, wie das Erklimmen eines sehr hohen Berges, nur dass der Berg wackelte und mit seinem feuchten Rüssel nach mir schnüffelte. Fast wäre ich auf halber Strecke wieder runtergerutscht, doch mein Vater schob mich das letzte Stück einfach hoch. Plötzlich saß ich mitten auf dem Rücken des großen Elefanten. Ich griff die Ohren, hielt mich behutsam daran fest und zog mich noch ein Stück nach vorne. Von meinem Vater wusste ich, dass die Haut der Elefanten nicht am ganzen Körper gleich dick war und dass es einige Stellen gab, die sehr viel empfindlicher waren. Dazu gehörte auch die Haut an den

Ohren. Also versuchte ich, bei allem, was ich tat, besonders vorsichtig und liebevoll zu sein.

Auch mein Vater war in der Zwischenzeit hochgeklettert und setzte sich ganz dicht hinter mich. Meine Angst war fast komplett verflogen. Vorsichtig drehte ich mich um und sah an ihm vorbei nach hinten. Auch der Rest meiner Familie hätte auf Saras Rücken locker noch Platz gefunden. Als ich mich wieder nach vorne drehte, stellte ich mir vor, ich säße auf einem fliegendem Teppich und flöge auf ein großes Schloss zu. Nur, dass der Teppich plötzlich zu wackeln anfing und ein feuchter und tropfender Rüssel nach hinten geschnuppert kam. Ich hielt dem forschenden Staubsaugerrohr meine flache Hand hin und nachdem Sara ihre Passagiere für seetauglich erklärt hatte, setzte sich der schwere Frachter in Gang. Fliegender Teppich, von wegen! Sara war ein Tanker. Sie stellte ihre Hinterbeine auf und wir kippten nach vorne, als wäre sie ein Radlader und wir eine Ladung Sand, der aufgeschüttet werden sollte. Es schaukelte gewaltig, aber ich hielt mich gut fest. Dann kamen die Vorderbeine. Erst das linke und dann das rechte und dann stand sie endlich und wir saßen wieder halbwegs gerade. Sichtlich erleichtert, nicht mehr auf dem Boden sitzen zu müssen, schwang Sara vergnügt ihren Rüssel durch die Gegend und ging ein paar Schritte im Kreis, um sich erstmal in Ruhe die Beine zu vertreten. Schnell stellte ich fest, dass wir dort oben ziemlich sicher waren und nach anfänglichen Bedenken fing ich an, mich pudelwohl zu fühlen. Ich schaute mich um und genoss die großartige Aussicht. Aus dieser Perspektive hatte ich den Zoo noch nie gesehen! Die Sitzecke sah ganz winzig aus und auch der Kollege meines Vaters schien plötzlich geschrumpft zu sein. Ich winkte ihm zu und er winkte zurück. Erst beim zweiten Hinsehen sah ich, dass er etwas mir wohlbekanntes in der Hand hielt. Es war mein Plüschelefant, den ich vorhin noch in der Jackentasche hatte. Anscheinend war er mir beim Aufstieg aus der Tasche gerutscht.

„Oh neeeein Faaaaaanti", rief ich und streckte besorgt meine Arme in seine Richtung aus. Sofort raunte mein Vater von hinten: „Halt dich fest, Tina! Fanti sammeln wir nachher wieder ein!"

Meine Aufregung schien auch Sara zu spüren und mit ihrem tropfenden Rüssel schnupperte sie nach dem flauschigen Kollegen. Bevor er komplett voller Rotze war, gab mein Vater ihr das Kommando loszugehen und wir schipperten gemütlich ein paar Runden auf dem Elefantengelände. Ein Raunen ging durch die Besuchermenge. Einige winkten mir zu, doch ich traute mich nicht, meine Hände noch einmal aus dem festen Griff zu lösen. Also lächelte ich nur und fühlte mich wie eine Elefantenprinzessin.

Wir liefen ein paar Runden um die Badestelle, dann befahl mein Vater Sara, ins Wasser zu gehen. Sie steuerte auf das kühle Nass zu und nach ein paar Schritten waren ihre Vorderbeine bereits nicht mehr zu sehen. Ich kreischte und sah mich schon in dem nicht sehr appetitlichen braunen Wasser untergehen. Im letzten Moment pfiff mein Vater die Elefantendame aber doch zurück und Sara stapfte rückwärts aus dem Wasser. Ich war mehr als erleichtert, denn ich hatte einmal beobachtet, wie einer der Elefanten mit meinem Onkel auf dem Rücken direkt ins Wasser spazierte. Panisch kroch der auf dem Elefantenrücken hin und her, bis mein Vater den Dickhäuter wieder herausbeordert hatte.

Nachdem wir uns von der Badestelle entfernt hatten, schlenderte Sara zurück zu der Stelle, wo wir aufgestiegen waren. Ich hätte noch ewig reiten können, doch mein Vater musste zurück an die Arbeit und wir wollten Sara auch nicht überstrapazieren. Also raunte mein Vater ihr ein beherztes „Sara, Doooooown!“ zu und die gemütliche Dickhäuterdame tat wie ihr befohlen.

Als sie sich wieder mit einiger Mühe hingelegt hatte, kletterte erst mein Vater hinab und streckte mir seine Arme entgegen, als er wieder festen Boden unter den Füßen hatte. Ich ließ mich einfach fallen und er drückte mich fest an sich. Ich strahlte über das ganze Gesicht. Ein bisschen schaukelte meine Welt noch, doch nach ein paar Momenten war der Schwindel verfolgen und ich war einfach nur glücklich. Von da an verglich ich all meine Erlebnisse mit diesem Elefantenritt – war es genauso toll, genauso aufregend? Vieles erschien mir danach lächerlich, riesige Klettergerüste schrumpften in sich zusammen und wirklich echte Herausforderungen machten sich hinter diesem grauen Berg rar.

PIPPI LOTTA AUF GROSSER FAHRT

Unser Kindergarten hieß „Pusteblume“ und war ungefähr zehn Minuten mit dem Fahrrad vom Zoo entfernt. Meist brachte unsere Mutter uns hin. Wenn unser Vater frei hatte, machte aber auch er das. Lisa war eine Gruppe über mir, und das erleichterte mir die Eingewöhnung. Da außer Michi in unserer Nachbarschaft keine Kinder lebten, freuten wir uns über all die neuen Freunde, die dort jeden Morgen auf uns warteten.

Meist fuhren wir mit dem Rad. Ich saß auf einem Kindersattel zwischen meiner Mutter und dem Lenker und Lisa fuhr selbst. Das kleine Anfänger-Fähnchen, das hinten an ihrem Kinderfahrrad befestigt war, wackelte lustig vor uns im Wind. Sie hatte das Fahren mit viel Schweiß und Tränen bei uns auf dem Hof gelernt. Ich hatte es auch ein paar Mal versucht, war aber viel zu klein für den hohen Sattel und konnte das Gleichgewicht nicht halten.

An einem Morgen im Juni parkten wir die Räder wie immer vor dem zweistöckigen Gebäude und gingen hinein. Wir begrüßten die Erzieherinnen und verabschiedeten uns von unserer Mutter. Sie gab uns einen Kuss und sagte: „Macht's gut, ihr Süßen. Papa holt euch nachher wieder ab. Seid schön lieb und bis heute Abend." Kurz sah ich ihr noch hinterher, dann nahm mich eine der Erzieherinnen an der Hand und beugte sich zu mir herunter: „An deinen Papa hab ich nachher noch eine ganze besondere Frage wegen unseres Sommerfests, Tina", sagte sie. „Aber das besprechen wir heute Nachmittag, wenn er dich abholt." „Bringt er einen Elefanten mit?", fragte ein besonders vorlauter Junge. Ich lächelte milde und hielt ihm meinen treuen Stoffgefährten Fanti vor die Nase. „Ich hab doch schon einen Elefanten dabei", kicherte ich. „Nee, einen echten meine ich", sagte er und lächelte verschmitzt. Ich strich mir eine blonde Locke aus dem Gesicht und sagte selbstsicher: „Wenn er das will, dann kann er das machen."

Den ganzen Tag grübelte ich, ob mein Vater tatsächlich einen Elefanten mit zum Sommerfest bringen würde. Das wäre *die* Sensation im ganzen Kindergarten. Nur wo könnte sich der Elefant bloß hinstellen? So groß war der Hof ja nun auch wieder nicht.

Im Kindergarten wussten natürlich alle, dass Lisa und ich im Zoo wohnten und beneideten uns darum. Die anderen Kinder stellten uns häufig neugierige Fragen, aber so richtig vorstellen konnten sie es sich wohl nicht.

Als mein Vater am Nachmittag kam, um uns abzuholen, fing die Erzieherin ihn am Gartenzaun ab, und ich beobachtete aus der Sandkiste, wie sie eine ganze Weile mit ihm redete. Lisa und ich waren grade dabei, ein paar verbuddelte Autos wieder auszugraben. Mein Vater nickte zustimmend und gestikulierte, dann kam er zu uns rüber und setzte sich an den Sandkistenrand. Ich tapste zu ihm hin, umarmte ihn und setzte mich auf seinen Schoß. „Papa, was wollte Frau Hensel denn von dir?“, fragte ich neugierig. Er legte seinen Arm fest um mich. „Sie hat gefragt, ob ich vielleicht ein Pony mit zum Sommerfest bringen kann“, sagte er.

„Ein Pony?“, fragte ich irritiert. „Ich dachte es geht um einen Elefanten?“ Mein Vater lachte. „Ich kann doch hier nicht mit einem Elefanten herkommen“, meinte er. „Der hat doch gar keinen Platz. Erst dachten wir an ein Lama, aber ich denke, ein Pony wird wohl das Beste sein.“

Kurz war ich enttäuscht, weil ich mir die ganze Sache mit dem Elefanten ja schon ausgemalt hatte, aber dann kam mir ein wunderbarer Gedanke. Freudestrahlend fragte ich: „Dürfen Lisa und ich dann auf dem Pony zum Kindergarten reiten?“

Mein Vater kniff die Augen zusammen und sah mich kurz nachdenklich an. Dann aber lächelte er und sagte: „Na klar, warum nicht.“

Lisa warf ihr Backförmchen in die Ecke und setzte sich auf das noch freie Bein unseres Vaters. „Boah, das ist ja fast wie bei Pippi Langstrumpf“, sagte sie begeistert.

Das Ponyreiten war die Gelegenheit, das Image unseres Vaters im Kindergarten aufzupolieren. Leider hatte er sich kurz zuvor nämlich etwas unbeliebt gemacht. Aus irgendeinem Grund war er auf eine komisch Art besessen vom Zähneputzen. Abends zum Beispiel, wenn Lisa und ich schon im Bett lagen, kam er in unser Zimmer und kratzte, bevor er uns Gute Nacht sagte, mit seinem Fingernagel an unseren Schneidezähnen, um zu gucken, ob wir auch ja gründlich geputzt hatten. Blieb irgendeine Art von Belag an seinem Fingernagel hängen, so schickte er uns postum zurück ins Bad zum Nachputzen.

„Und diesmal gefälligst gründlich!", rief er uns dabei hinterher. Bei der Leiterin des Kindergartens forderte er daher ein, dass seine beiden Mädchen nach dem Mittagessen Zähneputzen sollten. Sie war ein wenig überrumpelt und meinte, dass es im Badezimmer leider an Ablageflächen für Becher und Zahnbürsten mangele. Also kam er kurzerhand mit Bohrmaschine, Schrauben und einer einfachen Holzleiste wieder und baute das Badezimmer zahnputzgerecht um. Eine Zahnarztpraxis sponserte außerdem jedem Kind eine kleine Zahnbürste und einen Becher und von nun an mussten alle Kinder nach dem Mittagessen ihre kleinen Milchzähne schrubben und Lisa und ich schämten uns ein bisschen für unseren überambitionierten Vater. Und nun hofften wir also, nach dem Sommerfest die zu sein, deren Papa ein Pony mit in den Kindergarten gebracht hatte, und nicht mehr die, deren Vater alle nach dem Mittagessen zum Zähneputzen zwang.

Als der Tag des Sommerfests endlich gekommen war, wachte ich vor lauter Glück schon zwei Stunden früher auf als sonst. Nach dem Frühstück zog ich mich so schnell es ging an und rannte die Treppe runter, um zu gucken, ob mein Vater mit dem Pony schon da war. Als ich unten war, kam er gerade um die Ecke und öffnete mit einem kleinen braunen und sehr zutraulichen Pony im Schlepptau die quietschende Pforte. „Das ist Snoopy“, sagte er, nachdem ich zu ihm geeilt war, dicht gefolgt von meiner Schwester. Snoopy schnupperte erst mich, dann Lisa von oben bis unten ab. Wir hielten ihm je eine Möhre hin, die unser Vater uns zugesteckt hatte, und schlichen uns so in sein Herz. Als Lisa und ich dann umständlich auf ihn raufkletterten, kaute er immer noch genüsslich vor sich hin und ließ uns gewähren. Dann ging es endlich los! Ich drehte mich noch einmal um und winkte meiner Mutter, die das ganze Spektakel vom Balkon aus beobachtete.

Der Ritt dauerte vielleicht zwanzig Minuten und ich weiß nicht ob ich jemals in meinem Leben wieder so stolz war. Ich saß kerzengrade auf dem kleinen Pony und fühlte mich mit jeder Faser meines Körpers wie Pippi Lotta höchstpersönlich. „Toll oder?“, fragte ich und drehte mich zu Lisa um.

„Jaaaa. Richtig toll!“, sagte sie mit einem breiten Grinsen im Gesicht.

Ich war so glücklich, ich wollte gar nicht, dass wir ankamen. Vielleicht war es das erste Mal in meinem Leben, dass ich an etwas festhalten wollte. Ich wollte den Moment einfangen und konservieren.

„Können wir das ab jetzt jeden Tag so machen?“, rief ich meinem Vater übermütig zu.

„Och ja, Papa, geht das?“, pflichtete Lisa mir bei. Unser Vater drehte sich um, betrachtete uns beide einen Augenblick und sagte dann: „Aber wer kümmert sich dann um die Elefanten? Das geht leider nicht, ihr Mäuse.“ Er lächelte milde, zog einmal die Leine etwas straffer und stapfte weiter neben uns her. Kurz war ich ein bisschen enttäuscht, aber das hielt nicht lange an.

Speziell mit Pferden hatte meine neu entdeckte Leidenschaft übrigens nichts zu tun. Ich wäre auch auf jedem anderen beliebigen Tier geritten: Elefant, Lama, Ziegenbock. Auch wenn ich noch nicht Fahrradfahren konnte, reiten konnte ich schon.

Auf der Straße waren wir *die* Attraktion. Von allen Seiten wurden wir bestaunt, angehupt und bewundert. Einige Leute winkten uns aus ihren Fenstern und einem Jungen auf einem BMX-Rad fiel vor lauter Staunen die Kinnlade runter. Als wir um die letzte Ecke bogen, konnten wir den Kindergarten schon sehen. Waghalsig hielt ich mich mit einer Hand an der Mähne fest und winkte den Kindern mit der anderen zu.

Mit jedem Meter, den wir näher Richtung Kita kamen, standen mehr Kinder am Zaun und wollten uns in Empfang nehmen. „Schaut mal, da sind Lisa und Tina auf'm Pony!“, riefen sie. Als wir vor dem kleinen Gartentor ankamen, eilte die Erzieherin herbei und öffnete. Snoopy schaute weder links noch rechts und trottete in aller Seelenruhe hindurch. Unser Vater half uns runter und Lisa und ich gingen ein Stück zur Seite. Sofort wurde das kleine braune Pony von allen Seiten belagert. Unser Vater breitete etwas Stroh aus und verteilte die restlichen Mohrrüben, die dann mit viel Freude verfüttert wurden. Die Erzieherinnen hatten einige Mühe aufzupassen, dass die Kinder dem Pony nicht zu sehr auf die Pelle rückten.

Nachdem die letzte Möhre verfüttert war, durften alle Kinder der Reihe nach eine Runde auf Snoopy reiten. Das gemütliche Pony ließ das alles über sich ergehen und schnaubte nur träge vor sich hin. Ich schaute Runde um Runde zu und freute mich schon auf unseren Heimritt. Erst einmal aber lief ich zum Kuchenbuffet und holte mir ein Stück bunten Papageienkuchen und einen Becher Früchtetee. Als ich mit vollem Bauch zurück zu meinem Vater kam, wischte er mir beherzt einige Krümel von der Wange und sagte dann: „Wenn Theo gleich fertig ist mit seiner Runde, muss ich wieder los. Aber wenn ich Feierabend habe, hole ich euch wieder ab."

Irritiert schaute ich zu ihm hoch. „Ich dachte, wir gehen alle zusammen und Lisa und ich reiten zurück ...", sagte ich enttäuscht.

„Ich muss doch noch ein bisschen arbeiten", erklärte mein Vater. „Außerdem braucht Snoopy jetzt glaub ich mal eine Pause." Er tätschelte mit der einen Hand mir und mit der anderen dem Pony sanft den Kopf.

„Och Manno", maulte ich. „Ich hatte mich schon so gefreut."

Leider wusste ich sogar mit meinen zarten vier Jahren schon, dass Diskussionen bei meinem Vater sinnlos waren. Also verabschiedeten Lisa und ich uns von ihm und seiner haarigen Leihgabe und widmeten uns voll und ganz dem Sommerfest.

Abends erzählten wir begeistert unserer Mutter von diesem aufregenden Tag und ich schwor mir, zu Fasching nur noch als Pippi Langstrumpf zu gehen. Meine kläglichen

Versuche, meinem Vater dafür wieder ein Pony aus dem Kreuz zu leiern, scheiterten, aber immerhin kaufte meine Mutter mir eine Pippi-Perücke und ein echtes Kostüm.

Als wenige Wochen später unsere Nachbarin Hanne mit einem kleinen Äffchen nach Hause kam, war unsere Villa Kunterbunt fast perfekt. Lisa und ich konnten unser Glück kaum fassen und liefen sofort runter, um den neuen Mitbewohner zu begrüßen. Lange mussten wir nicht nach ihm suchen, denn als Hanne uns die Tür öffnete, saß der kleine Affe schon auf ihrer Schulter. Als er uns erblickte lief er aufgeregt zur anderen Schulter und sein Kopf bewegte sich flink hin und her. Seinen langen Schwanz rollte er immer wieder ein und aus, wedelte ihn durch die Luft und hielt ihn sich vor die Augen, so als würde er sich dahinter verstecken wollen. Er wirkte schüchtern, am Ende aber siegte seine Neugierde und er ließ ein paar schrille Schreie von sich.

Hanne beugte sich ein bisschen nach vorne und formte mit beiden Händen eine kleine Mulde, so dass das Äffchen hineinspringen konnte. Da saß es plötzlich ganz still in ihren Händen und ließ sich geduldig von uns streicheln. Seine kurzen schwarzen Haare waren rau und weich zugleich. In der Handmulde zusammengerollt sah ich erst, wie klein es war. Unter den Armen war sein Fell ganz dünn und man konnte die Haut darunter sehen. Im Vergleich zu den kleinen Äffchen, die ich aus dem Affenhaus kannte, sah es sehr mager aus. Als ich mir sein Gesicht ansah, musste ich ein bisschen kichern, denn es sah aus wie das eines sehr alten Mannes. Kauzig und ein bisschen ausgemergelt glotze es uns von unten an.

„Was für ein Affe ist das?“, fragte ich Hanne.

„Das ist ein Kapuziner-Äffchen“, antwortete sie.

„Und wie heißt der?“, wollte Lisa wissen. „Wir haben ihn Karli genannt“, sagte Hanne und strich ihm über seinen kleinen Kopf.

„Oh, süüüüß“, flötete ich und kraulte Karli seinen kleinen grauen Bart, was er sehr zu mögen schien, denn er schloss die Augen und reckte sein Kinn ein bisschen in die Luft. „Und was ist mit dem? Warum ist der jetzt bei euch?“, fragte ich neugierig weiter.

„Karlis Mutter hat sich nicht ausreichend um ihn gekümmert“, sagte Hanne ein bisschen mitleidig. Doch dann fügte sie frohen Mutes hinzu: „Und jetzt päppeln wir ihn auf, bis er wieder zu den anderen kann.“

Als hätte Karli verstanden, was Hanne gesagt hatte, schmiegte er sich an ihre Hand und sie strich ihm sanft über den Rücken. Dann hüpfte er wieder auf ihre Schulter und Lisa und ich verabschiedeten uns, um wieder zurück in unsere Wohnung zu gehen.

Ich fand es großartig, dass nun ein kleines Äffchen bei uns im Haus wohnte und war ein kleines bisschen neidisch auf Hannes Sohn Michi, der nun jeden Tag mit Karli spielen konnte. Aber so ganz ohne war das natürlich nicht, denn der kleine Kerl brauchte viel Zuwendung und Pflege und hielt Familie Grafunder von nun an ganz schön auf Trab.

Als unser Vater von der Arbeit kam und wir ihm von Karli berichteten, erzählte er uns, dass auch er mal ein Tierbaby aus dem Zoo aufziehen sollte. Es war schon ein paar Jahre her, aber er erinnerte sich noch gut an den kleinen Eisbär, der ebenfalls verstoßen wurde. Der Zoodirektor höchstpersönlich hatte meine Eltern damals gefragt, ob sie sich die Aufzucht zutrauen würden. Zusammen überlegten sie kurz, ob sie neben meiner Schwester und mir noch Kapazitäten für einen kleinen bärigen Pflegefall hatten. Schnell entschieden sie sich dafür, es wenigstens zu versuchen. Leider starb der kleine Eisbär dann, kurz bevor er zu seinen neuen Pflegeeltern kommen sollte. Ansonsten wären Lisa und ich mit einem bärigen Bruder aufgewachsen. Aber es gingen auch so genug Tiere bei uns ein und aus: Vom Igel bis zur Stockente war alles dabei, etliche Vögel, Molche, ein Albinofrosch und später dann endlich der langersehnte Hund.

Nach dem Sommerfest nahm ich mir fest vor, endlich Fahrradfahren zu lernen. Wenn ich schon nicht jeden Tag zum Kindergarten reiten durfte, wollte ich wenigstens das können. Einen schönen Kinderhelm mit einem flauschiggelben Bezug hatte ich schon und da Lisa zum Geburtstag ein neues Rad bekommen sollte, konnte ich schon bald ihr altes haben. Also wagte ich mich nur wenige Tage später erneut auf Lisas Drahtesel. Wenn ich mich auf einem Elefanten halten konnte, würde ich es auf diesem kleinen Gefährt ja wohl auch hinbekommen, sagte ich mir. Zusammen mit meinem Vater machte ich mich an einem lauen Sommerabend auf den Weg zu einem großen gepflasterten Platz im Zoo. Ich schob das Rad vorbei an den Elchen, Pinguinen und Eisbären und mein Vater fuhr ganz langsam neben mir her. Als wir am Platz angekommen waren, setzte ich mir den Helm auf und versuchte umständlich, die Schnalle unter dem Kinn zuzumachen. Meinen Eltern traute ich nicht mehr über den Weg. Zu oft hatten sie mir die empfindliche Haut am Hals eingeklemmt und das tat höllisch weh. Mein Vater schraubte den Sattel noch ein kleines bisschen runter und als ich meinen Helm endlich geschlossen hatte, stieg ich aufs Rad. Um mir den Start ein bisschen zu erleichtern, hatte mein Vater mir Lisas alte Stützräder ans Rad gebaut, die mir zusätzlich Stabilität gaben. Ich griff also mit beiden Händen fest an den Lenker, schwang mich auf den Sattel und setzte erst das linke Bein auf die Pedale und brachte dann das rechte in Position und mein Vater hielt das Rad am Sattel fest. Prüfend schaute ich aus dem Augenwinkel nach hinten, um zu schauen, ob er es auch richtig machte. Er hatte meinen zweifelnden Blick bemerkt und sagte: „Ich schieb dich an und halte dich fest, o.k.?"

Aber ich kannte meinen Vater. „Nicht wieder einfach loslassen!", maßregelte ich ihn. Das letzte Mal war ich deswegen samt Rad einfach umgefallen.

„Nein, nein!", versicherte er. „Ich halte dich fest." Seine Geduld und seine Beharrlichkeit waren unschlagbar. Er übte so lange mit uns, bis wir eine neue Sache konnten. Und er hatte es weiß Gott nicht leicht mit uns. Ich war verbissen ehrgeizig und überschätzte mich gelegentlich um einige Altersklassen und Lisa fing eigentlich schon, bevor es überhaupt losging, leise an zu meckern. „Ich kann das nicht! Ich kann das einfach nicht!", schluchzte sie dann in einer

Tour. „Blöd, Kacke, doof, gemein“, fand sie Gegenwind, kaltes Wasser in der Schwimmhalle oder frühes Aufstehen für die Schule. Leider war ihr Jammern dabei manchmal so leise, dass es ein wenig dauerte, bis meine Eltern es hörten und auf sie eingehen konnten. Bei mir war das anders. Wenn mir etwas missfiel, dann durften es ruhig alle mitbekommen. An diesem Tag aber war ich frohen Mutes und hochmotiviert. Mein Vater schob mich sanft von hinten an, und ich rollte los. Zuerst ruderte ich mit den Füßen ein paar Runden hilflos in der Luft, doch dann synchronisierten sich meine Beine mit den Pedalen und ich fuhr tatsächlich ein kleines Stück geradeaus.

„Super Tina, weiter so! Schön treten!“, rief mein Vater von hinten begeistert und joggte hinter mir her. Ich fuhr weiter, zwar noch sehr wackelig, aber hey, ich fuhr!

„Ich lass dich jetzt los, aber ich bleib hinter dir“, versicherte mir mein Vater. Ich war so konzentriert, dass ich es gar nicht richtig mitbekam. Ich war nur überrascht, dass ich noch nicht im nächstbesten Graben gelandet war. Kurz sah ich hoch und konnte schon das Gehege der kleinen Affen sehen. Als ich ein wenig verkrampft mit quietschenden Stützrädern an ihnen vorbeirollte, sprangen sie ans Gitter und kreischten. Um die Zeit war normalerweise niemand mehr im Zoo. Und schon gar kein kleines lockiges Mädchen auf einem vierrädrigen Tretmobil. Ich jedoch deutete ihr Gekreische als Jubel und fühlte mich sehr erhaben.

„Ihr könnt zwar auf euren Händen laufen und klettern wie die Weltmeister, aber das hier, das könnt ihr nicht!“, dachte ich und strampelte weiter.

„So und jetzt umdrehen. Sonst landen wir gleich bei den Flamingos“, rief mein Vater. Ich sah auf und merkte, dass er Recht hatte. Also schwang ich mich mit meinem ganzen Körpergewicht nach links, um eine elegante Kurvenperformance hinzulegen. Leider war es wohl ein bisschen zu viel Schwung, denn fast hätte es mich aus der Kurve gehobelt. Doch dank der Stützräder und meinem Vater, der mir sofort zur Hilfe sprang, konnte ich mich grade noch so auf dem Rad halten. Die Kurve war geschafft und nun ging es wieder zurück, vorbei an den Antilopen, die in einer Reihe standen und mich ahnungslos anglotzten. Schelmisch zwinkerte ich ihnen von der Seite zu, schaute dann aber schnell wieder nach vorne und konzentrierte mich aufs Fahren. Der Sand knirschte unter meinen Rädern und ich blinzelte in die untergehende Sonne, die mir nun ins Gesicht schien.

„Wenn du wieder da bist, wo du eben losgefahren bist, kannst du anhalten!“, hörte ich meinen Vater rufen. Ach herrje, Fahren ging ja schon halbwegs, aber Anhalten war noch so eine Sache. Also schrie ich: „Papaaaa, du musst mir heeeeelfen!“ Er eilte herbei, wollte aber, dass ich es alleine schaffe.

„Du musst den Rücktritt benutzen. Oder die Bremse hier vorne. Du schaffst das, Tina!“, ermutigte er mich. Ich wurde langsamer und eierte auf meinem Rad umher, doch bremsen traute ich mich nicht.

Bei meinen letzten Fahrversuchen hatte ich mit aller Kraft an der Vorderbremse gezogen und wie ein bockiger Esel hatte mich das Rad einfach abgeworfen, so dass ich im hohen Bogen auf dem Asphalt landete. Als ich aufstehen wollte, merkte ich, dass ich irgendwie nicht hochkam. Meine Eltern hatten den Sturz wohl gehört und schauten vom Balkon. „Is nicht so schlimm! Steh einfach schnell wieder auf!“, rief meine Mutter mir zu. Ich stützte mich mit einem Arm hoch, doch der andere hing irgendwie fest. Ich schaute nach unten und sah, was passiert war. Ich war so blöd gelandet, dass ich mit meinem Ellenbogen im Gullydeckel stecken geblieben bin. Ich zog wie wild an meinem Arm, doch es schien aussichtslos: Der Arm steckte fest. Nach ein paar Minuten kam meine Mutter runter und erkannte die Misere, in der ich steckte. Mit einem unterdrückten Kichern rief sie meinen Vater herbei und mit vereinten Kräften versuchten sie mich beziehungsweise meinen Arm zu befreien, aber auch sie hatten keinen Erfolg. Meine Mutter scherzte: „Das ist ja wie bei Astrid Lindgren, als Michel mit der Suppenschüssel auf dem Kopf zum Arzt musste. Dann müssen wir eben mit dir und dem Gullydeckel in die Klinik.“

Ich dachte: „Also ne Suppenschüssel auf dem Kopf ist das eine, aber nen Gullydeckel am Ellenbogen, das ist noch mal ne andere Nummer“, und stellte mir vor, wie ich von nun an mit dem Ding am Arm leben musste. Doch meine Eltern ließen nicht locker und irgendwann kam einer der beiden auf die glorreiche Idee, etwas Fettendes auf meinen bereits geröteten Ellenbogen zu schmieren. Meine Mutter ging hoch, holte einen Topf Vaseline und dann zogen sie noch einmal behutsam an meinem Arm und siehe da, es funktionierte und sie konnten mich tatsächlich befreien.

Ich rieb mir meinen schmerzenden Ellenbogen und schimpfte: „Blöder Scheißgully!“ Und besonders ärgerte mich, dass es der einzige Gullydeckel war, der auf dem ganzen Gelände zu finden war.

Immer noch traumatisiert von meiner letzten Vollbremsung traute ich mich nun also nicht, mein Rad zu stoppen. Mein Vater musste kommen, um mir zu helfen, doch dann ging es. Ich stieg vom Rad und er klopfte mir auf den Helm und lobte mich für mein gutes Fahren.

„Und das mit dem Bremsen lernst du auch noch. Da mach ich mir gar keine Sorgen“, sagte er.

Ich war mächtig stolz und nach ein paar weiteren Fahrstunden im Zoo fuhr ich tatsächlich mit dem Rad zum Kindergarten. Bis auf eine sehr schmerzhafte Begegnung mit einem Laternenpfeiler, die mir den Spitznamen „Blaukehlchen“ einbrachte, verlief meine Radsportkarriere sehr gut. Vergnügt wackelte mein orangenes Anfängerfähnchen im Wind, während ich mich von nun an strampelnd fortbewegte.

Das Schönste daran, dass ich nun endlich Fahrradfahren konnte, waren die sommerlichen Ausflüge an einen kleinen See, der nicht weit von uns entfernt war. Wir schnallten Handtücher, Badesachen und eine große Picknickdecke auf unsere Gepäckträger und machten uns wie eine kleine Entenfamilie auf den Weg. Vorne die beiden großen Enten und hinten die zwei kleinen. Am See angekommen breiteten wir die Decke aus und wuschen uns den Staub des Tages vom Körper. Der See war meist um einiges wärmer als die kühle Ostsee und so spielten und planschten wir so lange im Wasser, wie es nur ging. Allein die Glocke des Eiswagens konnte uns aus dem herrlichen Nass locken. Das Handtuch um die Schultern und mit einer kleckernden Kugel Pistazieneis saßen wir dann auf der großen Decke und ließen uns die Sonne auf die Bäuche scheinen.

Auf dem Rückweg nahmen wir meist eine andere Route über einen kleinen Feldweg und stoppten die Räder an einem großen Maisfeld. Mein Vater zückte sein Taschenmesser, das er stets in der Hosentasche dabeihatte, und säbelte vier reife Kolben ab. Zuhause kochten wir sie in Salzwasser und nagten wie kleine Bieber die sonnengelben Körner vom Strunk. Ich erinnere mich gerne an diese Abende und es fühlt sich an, als hätten wir nicht in einem Baggerloch, sondern in einem See aus tiefer Zufriedenheit gebadet. Pipi's Schlachtruf „Ich mach mir die Welt, wie sie mir gefällt“ war hinfällig, denn für mich fühlte sich alles perfekt an genau so, wie es gerade war.

HEITER MIT AUSSICHT AUF FLAUSCHBÄLLCHEN

Wenn es im Zoo irgendwo Nachwuchs gab, war ich sofort zur Stelle. Ich schlenderte durch das Gelände, hatte eine Hand in der Hosentasche vergraben und war mit der anderen allzeit bereit zu streicheln: Elchkälber, Küken, Fohlen, Babylamas. Jedes Junge, an das ich nur irgendwie rankam, tätschelte ich. Noch heute verspüre ich manchmal das unstillbare Bedürfnis, ein Tierbaby zu flauschen. Ihm sanft übers Fell zu streicheln und seine Unbedarftheit in meinen Armen zu wiegen.

Lisa liebte den kleinen tierischen Nachwuchs mindestens genauso wie ich. Oder vielleicht sogar noch mehr, denn ich mochte in erster Linie die süßen und kuscheligen Exemplare und machte um zotteligen Ziegennachwuchs oder kauzige Geierkinder einen Bogen. Sie jedoch machte keinen großen Unterschied und fand auch weniger niedliche Exemplare spannend und flauschenswert.

An einem rauen Frühlingstag, an dem draußen eine besonders steife Brise wehte und sich die ersten Frühblüher nur vereinzelt aus dem kargen Boden auf dem Wäscheplatz kämpften, blätterte ich in der Medizini, der Kinderzeitung aus der Apotheke. Unser Vater hatte ausnahmsweise frei und setzte sich mit seinem Nachmittagskaffee zu Lisa und mir ins Kinderzimmer. In der Mitte der Zeitschrift war immer ein Poster von einem Tierbaby und diesmal waren es kleine Kaninchenkinder. Ich faltete das Poster auf, breitete es auf dem Teppich aus und schaute es mir ganz genau an. Dabei saß ich im Schneidersitz und beugte mich, die Ellbogen an die Wangen gestützt, vorneüber. Mein Vater schaute mir zu und stupste mich dann von der Seite an, so dass ich mit dem einen Ellenbogen abrutschte und fast vorneüberfiel.

„Manno! Lass mich doch mal in Ruhe!", fauchte ich ihn an. Er lachte und ich ärgerte mich über ihn. Um von meinem Zorn abzulenken, deutete er auf das Poster mit dem Kaninchennachwuchs und sagte noch halb auf einem Keks kauend: „Im Zoo ist vor ein paar Tagen auch ein kleines Tierbaby geschlüpft. Ein junger Adler. Der ist noch ganz klein. Leider kümmert sich die Mutter nicht so richtig um ihn und jetzt muss er mit der Hand aufgezogen werden."

Ich hatte keine Vorstellung davon, wie man ein Adlerbaby aufzog, und fragte immer noch ein bisschen verärgert: „Hä, wie soll das denn gehen?"

Da es um ein Tierbaby ging, war Lisa nun auch hellhörig geworden und klinkte sich in das Gespräch ein: „Die kriegen dann Milch in einer Flasche, oder?"

Mein Vater schaute zu ihr rüber und sagte: „Nicht ganz. Bei vielen Tierkindern macht man das, das stimmt! Aber der kleine Adler frisst schon andere Sachen. Wenn ihr wollt, könnt ihr ja morgen mal mitkommen. Dann besuchen wir ihn."

Lisa und ich schauten uns freudig an und nickten synchron. Als wir abends im Bett lagen, fragte ich Lisa: „Was glaubst du, wie groß das Adlerbaby wohl ist?“ Sie richtete sich noch einmal im Bett auf, schaute zu mir runter und sagte: „Hm, na ja, es ist ja noch ein Küken. Also ist es bestimmt noch richtig klein.“

Ich versuchte, es mir vorzustellen. „Ob wir es wohl streicheln können?“, fragte ich.

Lisa lachte, ließ sich zurück auf die Matratze fallen und gähnte. „Das werden wir ja dann sehen“, murmelte sie und machte ihre kleine Leselampe aus, um mir zu signalisieren, dass sie schlafen wollte.

Am nächsten Morgen war es immer noch klirrend kalt, aber immerhin schien die Sonne. Unser Vater war früh zur Arbeit gegangen und hatte versprochen, uns nach der Mittagspause mit zu dem kleinen Adler zu nehmen. Lisa und ich warteten sehnsüchtig aufs Mittagessen und schlugen ungeduldig die Zeit tot.

Wie fast jeden Samstag gab es Milchreis wahlweise mit Apfelmus oder Zimt und Zucker, oder noch besser: mit beidem! Als unser Vater endlich kam, schaufelten wir schnell den leckeren süßen Reis hinunter und löcherten ihn mit neugierigen Fragen zu dem kleinen Adlerbaby: „Wie groß ist das denn?“ „Und hat der schon einen Namen?“

„Dürfen wir den auch streicheln?“

Mein Vater hörte sich erstmal all unsere Fragen an und antwortete dann: „Das werdet ihr doch alles gleich sehen.“ Er räumte seinen Teller in die Geschirrspülmaschine, streichelte sich zufrieden über seinen satten Bauch und sagte endlich: „Na dann wollen wir mal.“ Wir wollten schon aufspringen, aber der strenge Blick unserer Mutter hielt uns zurück.

„Lisa, Tina, erst noch Hände waschen!“, ermahnte sie uns. Wir nickten brav, taten wie uns geheißen und rannten dann vor die Tür, wo unser Vater schon auf uns wartete. Zusammen gingen wir auf den Hof der Futtermeisterei, wo eine Kollegin meines Vaters auf uns wartete. Karin arbeitete schon viele Jahre bei den Vögeln. Wir schüttelten ihr zur Begrüßung die Hand und fingen sofort an, sie mit Fragen zu löchern. Unser Vater fiel uns ins Wort. „Hey ihr beiden, hört mal kurz zu. Ich hab noch bei den Elefanten zu tun und kann leider nicht mitkommen. Aber Karin zeigt euch alles, o.k.?“

Mir und Lisa war relativ egal, ob er mitkam, Hauptsache wir durften endlich zu dem kleinen Adler! Wir verabschiedeten uns und spazierten vorbei am Gepardengehege, dem Ententeich und dem Löwenzwinger in Richtung Vogelhaus. Die Tiere waren alle in ihren Häusern, denn draußen war es viel zu kalt. Nur ein Löwenweibchen lag im Außengehege und schaute uns träge hinterher.

Wir erreichten das Vogelhaus und gingen durch die Hintertür hinein. Drinnen war es warm und stickig, wie in den meisten Tierhäusern. Durch die Wärterstube kamen wir zur Futterküche. Hier wurde die Nahrung, die von der Futtermeisterei für die Tiere angeliefert wurde, proportioniert und angerichtet. Auf dem Tisch in der Mitte des Raumes stand eine kleine durchsichtige Plastikbox, aus der ein Stück von einem weißen Handtuch herausragte. Karin hob vorsichtig den Deckel, beugte sich hinunter und guckte hinein. Dann nahm sie den Deckel ganz ab und jetzt konnten wir erkennen, was in der Kiste war. Dort saß das kleine Adlerbaby und piepste aufgeregt vor sich hin. Seine Federn waren noch ganz flauschig und am Kopf sah es ein bisschen zerzaust aus. Seine großen Augen guckten hilflos in der Gegend herum, als würden sie etwas suchen. Lisa und ich sahen uns an und riefen im Chor: „Oh wie süüüüß!“

Sofort wollte ich das Küken vorsichtig am Rücken streicheln, aber Karin hielt mich zurück. „Erst müssen wir dem kleinen Mann was zu fressen geben, guckt mal wie hungrig der ist.“

Als hätte das Adlerbaby verstanden, was sie gesagt hatte, riss es den Schnabel auf und piepste ohrenbetäubend. „Aber nach dem Füttern, könnt ihr den bestimmt auch mal streicheln“, sagte Karin und fügte hinzu: „Wenn er es zulässt.“ Sie griff vorsichtig in die Box, nahm den Schreihals heraus und setzte ihn neben seine Kiste auf den Tisch. Der kleine Adler breitete seine mickrigen Flügelchen aus und begann ein bisschen, mit ihnen zu flattern.

„Was frisst der denn?“, fragte meine Schwester neugierig. „Verschiedene Sachen“, erklärte Karin, öffnete die Tür zum Besucherraum und verschwand, um Futter zu holen.

Die Vögel in den Volieren machten so einen Krach, dass man sein eigenes Wort kaum verstand. Das kannte ich schon von früheren Besuchen. Besonders die Beos, die menschliche Stimmen nachmachen konnten, hatten es mir hier angetan. Einer fragte jedes Mal: „Heißt du Jakob? Heißt du Jakob?“, stellte dabei seinen Kopf schräg und guckte mich auffordernd an. Ein anderer hatte sich auf das Telefonzeichen für „falsch verbunden“ eingeschossen und trällerte ein heiteres „Dü dü düüüü“ in Endlosschleife, unterbrochen nur von einem gelegentlichen „Kein Anschluss unter dieser Nummer.“ Keine Ahnung wo sie das her hatten. Oft genug hatte ich mich vor ihre Voliere gestellt und versucht, ihnen etwas anderes beizubringen, doch vergebens.

Das Adlerbaby hingegen sprach nur in seiner eigenen Sprache. Trotzdem machte es uns unmissverständlich deutlich, dass es Hunger hatte. Karin kam mit einer weiteren Box wieder und schloss die Tür vom Besucherraum. Sie stellte die zweite Kiste neben die erste und öffnete vorsichtig den Deckel. In der Kiste kreuchten und fleuchten unzählige kleine Mäusebabys. Sie waren rosa und an einigen Stellen wirkten sie fast ein bisschen durchsichtig. Ihre Augen waren noch geschlossen, sie krabbelten aufeinander rum, stolperten hier hin und tapsten dort hin. Es war das reinste Gewusel.

Das Adlerbaby kam näher gehüpft und schien sich brennend für den Inhalt der zweiten Kiste zu interessieren. Karin nahm ein kleines Mäusebaby heraus, das höchstens so groß wie der vordere Teil ihres Daumens war. Ich schaute mir das alles staunend an, hatte aber keinen blassen Schimmer auf was das ganze Spektakel hinauslaufen sollte.

„Halt mal deine Hand auf“, sagte Karin. Ich tat wie mir befohlen und sie setzte mir die winzige nackte Maus auf die

Hand. Ihre kleinen zarten Krallen versuchten, irgendwie Halt zu finden, rutschten jedoch immer wieder ab. Es fühlte sich ganz warm und weich an und kitzelte mich in der Kuhle, die ich mit der Hand formte. Karin gab Lisa auch eine Maus, und die fühlte sich anscheinend so wohl, dass sie direkt drauflospinkelte.

„Oh nein, sie hat auf meine Hand gemacht", gluckste Lisa. Sie hielt sich die Hand direkt vor die Nase und flüsterte der Maus zu: „He du, was soll denn das? Meine Hand ist doch keine Toilette."

Wir fingen beide an zu kichern und unsere Hände wippten. Uns hatten schon so viele Tiere auf die Hand gepinkelt, dass wir es wirklich nicht eklig fanden.

„Das Mäuschen bräuchte ich jetzt wieder", sagte Karin und nahm Lisa die kleine Kreatur wieder aus der Hand. Dann nahm sie sie zwischen Daumen und Zeigefinger und drückte ruckartig zu. Mir stockte der Atem. Sie hatte der Maus, die nun leblos in ihrer Hand hing, das Genick gebrochen. Dann nahm sie eine Art Pinzette, griff das tote Tier damit und hielt es dem hungrigen Adlerbaby unter den Schnabel. Gierig stürzte es sich auf den kleinen nackten und nun leblosen Haufen und schlang ihn herunter. Ich konnte nicht glauben, was dort grade geschehen war, und ehe ich mich versah, wanderte Mäusebaby um Mäusebaby in den gierigen blutverschmierten Schlund. Wie angewurzelt blieb ich neben Karin stehen, bis sie den kugelrunden Vielfraß wieder in seine Kiste zurücksetzte.

„Wenn ihr wollt, könnt ihr ihn jetzt noch mal streicheln. Aber schön vorsichtig", sagte sie und tätschelte ihm dabei den Kopf. Ich ging sofort einen Schritt zurück und murmelte ein kaum hörbares: „Ich mag nicht."

Lisa hingegen trat an die Kiste ran und berührte mit den Fingerspitzen kurz den Rücken des satten Federviehs. Dann legte Karin den Deckel wieder auf die Box. Anschließend verschloss sie die Kiste mit den Mäusen und brachte sie wieder weg.

Ich war vollkommen sprachlos. Hatte ich jemals mit dem Gedanken gespielt, Tierpflegerin zu werden, war dies der Moment, der mich für immer davon abhalten sollte. Ich verstand die Welt nicht mehr. Es war, als hätte ich ein Stück meiner kindlichen Unschuld verloren. Verstört und wortlos gingen Lisa und ich nach Hause. „Die Welt ist nun mal so", erklärte mir mein Vater, als er nach Hause kam. „Wenn der kleine Adler keine Mäusebabys bekommen würde, dann würde er verhungern. Das willst du noch auch nicht, oder?", versuchte er, mich zu besänftigen. Ich schluckte. Natürlich wollte ich das nicht. Es war das reinste Dilemma. Nach diesem Vorfall hatte ich vom Zoo erstmal genug gesehen. Doch schon bald ereignete sich eine weitere Geschichte und war das Trauma bis hierher nur ein kleiner Kratzer, so wurde es nun zu einer tiefen Narbe.

Auf unserem Balkon lebte seit einiger Zeit mein dickes, fettes Meerschweinchen Moritz. Er war ganz braun und hatte einen weißen Streifen auf der Nase, was ein bisschen nach Kriegsbemalung aussah, obwohl Moritz Zeit seines Lebens Pazifist war. Man könnte sagen, er war mein bester Freund. Ich schrieb Gedichte für ihn, fuhr ihn in einem ferngesteuerten Cabriolet durch die Wohnung und vertrödelte den Schulweg damit, Löwenzahn für ihn zu pflücken.

Lisa hatte sich gegen ein Meerschweinchen und für ein graues Kaninchen namens Max entschieden, das ebenfalls auf unserem Balkon wohnte. Ihre Charaktere waren so unterschiedlich wie Lisa und ich: Moritz war ein Draufgänger und Max ganz zahm, eher von der ruhigen Sorte. War es kalt, verkrochen die beiden Freunde sich in ihrem mit Stroh gefüllten Häuschen. Manchmal nahm Moritz auch ein bisschen Anlauf und sprang von hinten auf Max' Rücken. Dort saß er dann stundenlang, um sich seine kalten Füßchen zu wärmen. Er muss sich gefühlt haben, als hätte er kuschelige Pantöffelchen aus feinstem Kaninchenfell an. Max ließ ihn gewähren und störte sich nicht weiter daran.

Oft beobachtete ich das Doppeldeckergespann durch die Balkontür und kicherte leise vor mich hin, denn das Bild war einfach zu drollig. Sie sahen aus, als wären sie zwei Bremer Stadtmusikanten auf dem Weg zum nächsten Konzert. Wenn Max durch die Gegend hoppelte, musste Moritz höllisch aufpassen, dass er nicht hinten abschmierte, aber anscheinend gefiel ihm das Hasenrodeo, denn mit der Zeit wurde Max' Rücken zu seinem liebsten Platz im ganzen Stall. Sie waren ein lustiges Team, auch wenn sie nicht so richtig miteinander kommunizieren konnten – der eine quiekte Meerschweinisch, der andere mümmelte Häsisch. Insgeheim hoffte ich, dass sich irgendwann noch eines der Vögelchen, die im Winter zum Balkon kamen, um die Meisenknödel zu verputzen, auf die beiden draufsetzte. Wobei

Moritz seinen königlichen Platz wahrscheinlich nur ungern mit jemandem geteilt hätte.

Im Sommer waren Max und Moritz im Garten. Wir hatten ihnen aus Maschendrahtzaun ein kleines Gehege gebaut, das wir überall hinstellen konnten, so dass sie immer die Möglichkeit hatten, an verschiedenen Orten zu grasen. In einer rosa Klappbox transportierten wir die Tierchen nach draußen und stellten die Kiste dann so hin, dass sie ihnen im Außengehege ein Schutz war. Max und Moritz hoppelten dann fröhlich herum und genossen das frische Grün der Wiese. Manchmal steckte der Hund der Nachbarn seine Nase durchs Gitter, doch das störte die beiden nicht weiter, denn sie waren ja in Sicherheit.

An einem warmen Sommerabend im Juli, an dem man noch im T-Shirt draußen spielen konnte, rief unsere Mutter uns zum Essen hinein, als es dämmerte. Es gab wie immer Stulle und ich musste den Tisch abräumen. Widerwillig räumte ich Teller für Teller in die Spülmaschine, während meine Schwester schon im Wohnzimmer auf der Couch saß und „Komissar Rex“ guckte. Plötzlich klingelte es an der Tür. Meine Mutter machte auf und im Flur hörte ich die tiefe Stimme von unserem Nachbarn Onkel Rolli. „Eure Tierchen sind noch draußen“, sagte er. „Geht mal schauen, da ist irgendetwas passiert.“ Siedend heiß fiel mir ein, dass ich heute nicht nur Tischdienst hatte, sondern auch Max und Moritz hätte reinholen sollen. Mein Herz fing an, wilde Kaninchenhaken zu schlagen, und in Hausschuhen rannte ich so schnell ich konnte die Treppe runter, dicht gefolgt von meiner Mutter. Draußen war es schon längst dunkel. Wir liefen zu dem kleinen Gehege und schauten hinein. Max war unversehrt. Von Moritz war keine Spur zu sehen. Erst als ich die rosa Klappbox hochnahm, entdeckte ich ihn. Er hockte vollkommen verstört in einem kleinen Heuhaufen und ich sah sofort, dass irgendetwas nicht stimmte.

Meine Mutter brachte das Kaninchen ins Haus und holte ein weißes Handtuch und eine Taschenlampe. Dann hob sie Moritz ganz vorsichtig hoch und setzte ihn auf das Handtuch. Unter dem Schein der Lampe sah ich, wie sich der Stoff voll Blut saugte. Moritz schien schwer verletzt zu sein. Was war nur passiert?

„Vielleicht war das der Fuchs", mutmaßte meine Mutter. Auch Onkel Rolli war nochmal mit runtergekommen, stand nun direkt neben mir und sagte: „Als ich auf den Hof kam, hab ich einen großen Vogel gesehen. Es kann sein, dass das der Adler war, der heute stiften gegangen ist". Am Vormittag war er bei der Adlershow einfach nicht zurückgekommen. Die Falkner lockten die Tiere nach dem freien Flug mit Futter, das sie auf ihrem dicken ledernen Handschuh platzierten, wieder an. Manchmal dauerte es ein bisschen, bis sie zurückkamen, aber normalerweise ließen sie sich das Futter nicht entgehen. Heute aber hatte der Falkner das Warten irgendwann aufgeben müssen und der Adler blieb verschwunden. Vielleicht war er nicht hungrig genug gewesen oder die Abenteuerlust hatte ihn gepackt. Wir nahmen Moritz mit in die Wohnung und begutachteten seine Verletzungen unter der hellen Küchenlampe. Er hatte deutliche Wunden am Rücken, die stark auf den Angriff eines Raubvogels hindeuteten. Als der Adler doch Hunger bekam, schien ihm mein dick gefüttertes Meerschweinchen ein willkommener Snack gewesen zu sein. Anscheinend war Moritz, der kleine Fettwanst, aber zu schwer für den grazilen Jungadler gewesen, denn sonst wäre er mit ihm wohl auf und davon geflogen.

Stattdessen saß der kleine Nager auf unserem Handtuch, blutete stark und zitterte immer noch am ganzen Körper. Außerdem hatte der Räuber im wahrsten Sinne des Wortes versucht, ihm ein Ohr abzukauen, denn eines seiner kleinen Lauscher war halb abgebissen und hing nur noch auf halb Acht.

Ich schämte mich in Grund und Boden. Hätte ich nicht vergessen, ihn hochzuholen, wäre ihm das Leid erspart geblieben. In der ganzen Aufregung hatte ich meine Schuldgefühle verdrängt, doch nun brach alles aus mir heraus und ich fing fürchterlich an zu weinen. Laut schniefend gestand ich meine Schuld: „Das ist alles nur wegen mir, weil ich ihn nicht rechtzeitig hochgeholt habe.“ Meine Mutter nahm mich liebevoll in den Arm und sagte: „Wer konnte das auch ahnen, dass grade heute ein Adler aus dem Zoo abhaut. Das konnte nun wirklich keiner wissen.“

Sie reichte mir ein Taschentuch und tätschelte mir den Kopf. „Wir können jetzt erstmal nichts mehr für Moritz tun“, sagte sie. „Aber morgen früh gehen wir gleich mit ihm zum Tierarzt und der wird sich dann schon um ihn kümmern.“

Aufmunternd fügte sie hinzu: „Moritz schafft das schon! Wäre doch gelacht, wenn das kleine Dickerchen nicht wieder gesund wird.“

Und auch Lisa fasste noch einmal beherzt in die Kiste und streichelte dem kleinen Wollhaufen über seine winzige Schnute. Dann stellten wir die Kiste mit dem angefressenen Tierchen neben die Heizung in der Küche, ich legte ihm noch einen Büschel von seinem heiß geliebten Löwenzahn hinein und wir machten uns fertig fürs Bett. Am nächsten Tag gingen wir sofort nach dem Frühstück mit Moritz zum Arzt. Der versorgte ihn mit dem nötigsten und nähte das Ohr mit ein paar Stichen wieder an. In den kommenden Tagen verwöhnte ich meinen kleinen Nagerfreund nach Strich und Faden und teilte sogar mein Frühstückshörnchen mit ihm. Aber er zog sich zurück. Anscheinend musste er sich immer noch von dem Schreck erholen. Oder war er etwa sauer auf mich? Ich machte mir schreckliche Vorwürfe. Zum Glück ging es ihm nach ein paar Tagen schon wieder besser. Auch das Ohr schien wieder angewachsen. Und als der Termin zum Fädenziehen näher rückte, sagte meine Mutter: „Das kann ich auch machen. Wozu bin ich denn schließlich gelernte Krankenschwester."

Leider war es wohl doch noch ein bisschen zu früh, denn das Ohr fiel direkt wieder ab und Moritz blieb ein bisschen angefressen. Irgendwie war es auch cool, denn immerhin hatte er ein richtiges Abenteuer erlebt und das durfte man ruhig sehen. Und auf das Ohr konnte er eh verzichten, denn er verstand ja sowieso nicht, was sein Mitbewohner Max ihm erzählte.

JURASSIC PARK

Im Zoo wehte häufig ein fieser Wind. Er kam direkt von der See, pfiff durch den Wald und kroch kalt unter unsere Bettdecken. Unsere alten Fenster knackten und knarzten, der Bewegungsmelder ging draußen permanent an und die riesigen Bäume, die um uns herumstanden, bogen sich hin und her.

Wenn es so stürmte, lag ich in meinem Bett und konnte nicht einschlafen. Oft tapste ich dann ins Schlafzimmer zu meinen Eltern, die schon längst schliefen. Ich stellte mich direkt vor das Bett und flüsterte: „Mama, ich kann nicht einschlafen. Der Wind ist so laut."

Meine Mutter wurde immer sofort wach. Selbst wenn ich wortlos einfach nur da stand, wachte sie auf. Das war wohl ein besonderer Mutterinstinkt.

„Kann ich bei euch schlafen?", fragte ich mit kleinen, müden Augen. Sie drehte ihren Kopf auf dem Kissen zu mir, seufzte tief und sagte mit verschlafener Stimme: „Komm her, Tinakind. Alles gut. Mach dir keine Sorgen."

Ich kuschelte mich zu ihnen ins Bett und die angewärmte Bettdecke und der dezente Geruch nach Nivea-Creme, mit der sich meine Mutter abends immer eincremte, löste in mir so ein wohliges Gefühl aus, dass ich meist sofort einschlief.

Eines Abends konnte ich wieder mal nicht einschlafen, denn draußen krakeelten die Babyeulen und das konnte ich gar nicht leiden. Ihr nächtliches Schreien klang so herzzerreißend und verzweifelt, dass ich es nur ganz schwer ertragen konnte. Also kletterte ich aus meinem Bett und wanderte barfuß und im Nachthemd in Richtung Wohnzimmer, wo meine Eltern saßen. Durch den Spalt der Tür drang das bläuliche Flimmern des TV. So spät durfte ich normalerweise nicht mehr fernsehen. Ich nutzte die Gelegenheit, schlich auf Zehenspitzen näher ran und öffnete die Tür einen Spalt, so dass ich den Fernseher im Blick hatte. Auf dem großen Röhrenbildschirm flimmerte ein Spielfilm, der scheinbar irgendwie im Dschungel spielte. Auf den ersten Blick sah es aus wie ein Naturfilm, und ich wusste, dass mein Vater solche Filme besonders mochte. Stundenlang zog er sich langweilige Streifen über Löwen, die in endloser Steppe auf ihre Beute lauerten, oder Pinguinwanderungen rein. Doch in diesem Film kamen auch Menschen vor. Sie trugen beige Tropenkleidung und schienen irgendwas zu suchen oder auf etwas zu warten. Oder versteckten sie sich vor jemandem? Gebannt schaute ich zu und versuchte, so leise wie möglich zu atmen, damit meine Eltern mich nicht entdeckten.

Plötzlich brach zwischen den Rangern im Film Panik aus. Dann raschelte es in einem großen Gebüsch, und wie aus dem Nichts tauchte ein riesengroßer Dinosaurier auf. Ich erschrak mich so sehr, dass ich einen kurzen Schrei von mir gab, mich verschluckte und einen Hustenanfall bekam. Ich riss meine Augen auf und warf mir die Hände vor den Mund. Meine Eltern drehten sich um und entdeckten mich im Türrahmen kauernd. Ich lief zu meiner Mutter. Sie nahm mich in den Arm und sagte: „Tinakind, wie lange standest du denn schon da?“

Ich schaute sie mit großen Augen an und presste mich fest an sie. Sie hielt mich im Arm, streichelte mir über den Kopf und sagte: „Das ist nur ein Film. Das ist alles nicht echt. Dinosaurier gibt es ja gar nicht mehr.“

Mein Vater sagte: „Hey, aber cool gemacht, oder?“

„Jörg!“, ermahnte meine Mutter ihn und warf meinem Vater einen strengen Blick zu. Im Hintergrund lief der Film weiter. Ich hielt mir die Hand vor die Augen, luscherte aber immer wieder durch die Ritzen. Auf dem Schoß meiner Mutter verwandelte sich meine Angst immer mehr in Neugierde, denn ich wiegte mich ja nun in Sicherheit. In der nächsten Werbepause nahm meine Mutter die Fernbedienung, schaltete den Fernseher auf stumm und sagte: „So jetzt ist hier aber Schluss. Es ist schon lange Schlafenszeit und das ist absolut kein Film für dich. Ab ins Bett!“

Sie setzte mich von ihrem Schoß runter und schob mich sanft Richtung Tür.

„Aber ich kann nicht einschlafen. Gar nicht. Ich hab ja schon alles versucht“, jammerte ich.

„Dann versuch es noch mal“, sagte sie.

„Ja, aber das hab ich ja schon die ganze Zeit und jetzt muss ich dann bestimmt immer an den Dino denken.“ Ich schaute sie verzweifelt an. „Darf ich heute bei euch im Bett schlafen?“, fragte ich.

Meine Eltern sahen sich an, dann sagte meine Mutter: „Och Tina, wir haben gesagt, das machen wir nicht mehr.“

Mit Tränen in den Augen bettelte ich, bis sie nachgaben. Mein Vater nahm mich an die Hand und brachte mich ins Schlafzimmer. Ich kuschelte mich ein und merkte plötzlich, wie müde ich war. Zur Seite gedreht betrachtete ich im Halbdunkel eine große Weltkarte, die in einem Glasrahmen an der Wand hing. Nebenbei lauschte ich den Geräuschen des Films, die durch die dünne Wand zu mir drangen, doch schon bald fiel Schurke Schlaf über mich herein und knipste mir das Licht aus.

Ungefähr zwei Wochen nach dem Vorfall gab es für Rostock eine schwere Gewitterwarnung. Nachdem es schon den ganzen Tag geregnet hatte, fing es gegen Abend heftig an zu blitzen und zu donnern. Es war, als wäre unsere kleine Arche Noah in heftigstes Unwetter geraten. Die Blitze erleuchteten das gesamte Zimmer und der sich nur Sekunden danach anschließende Donner türmte sich auf wie riesige Wellen, die dann mit einer Wucht über uns hereinbrachen. Ich wickelte meine Bettdecke fest um mich und machte die Augen zu. Und wieder kam eine heftige Böe, die alten Fenster klapperten und plötzlich hörte man ein dumpfes lautes Knacken, das so klang, als würde ein Riese direkt vor unserem Fenster einen ganzen Baum ausreißen.

Jetzt waren selbst meine Eltern in Sorge. Ich hörte, wie sie aufstanden und das Licht im Flur anging. Mein Vater zog sich an und verließ die Wohnung. Auch im Hausflur war Unruhe: Schnelle Schritte kamen näher und entfernten sich wieder, Türen gingen auf und zu, Schlüssel klapperten und der Lichtschalter klackte mehrmals. Etliche Minuten lag ich wach im Bett, atmete ganz leise und lauschte den Geräuschen. Was war nur los?

Irgendwann hörte ich wieder die Schritte meines Vaters. Hinter ihm fiel die Wohnungstür ins Schloss und er legte seinen Schlüssel auf den kleinen Schuhschrank im Flur. „Papaaaa! Komm mal!“, rief ich. Mein Vater zog sich die Schuhe aus, öffnete die Kinderzimmertür und steckte seinen Kopf durch den Spalt. Dabei hielt er sich mit einer Hand an der Türklinke fest und mit der anderen am Türrahmen. „Hey, warum schlaft ihr noch nicht?“, fragte er in das dunkle Kinderzimmer hinein.

„Das donnert so laut“, flüsterte ich.

„Ja, voll laut ist das“, pflichtete Lisa mir bei. „Ja das Gewitter ist ganz schön doll“, bestätigte auch mein Vater.

„Warum bist du runtergegangen?“, fragte ich neugierig.

Mein Vater runzelte die Stirn. „Unten ist ...“ Er zögerte. „Also vor dem Haus ist ... da ist ein Baum umgefallen.“

Er wollte uns wohl keine Angst einjagen, aber natürlich bekamen Lisa und ich einen Schreck und waren sofort hellwach.

„Echt jetzt? Welcher denn?“

„Die große Tanne bei der weißen Bank. Zum Glück ist sie nicht Richtung Haus gefallen, sondern vom Haus weg. Aber der Zaun ist kaputt und na ja, es war ein ganz schön großer und alter Baum.“

Ich überlegte kurz, dann wusste ich, welchen Baum er meinte. Ich riss die Augen auf und sagte: „Hä? Der ist doch riesig groß! Wie kann der denn einfach umfallen?“

Das Klingeln des Telefons unterbrach unser Gespräch. „Tja, das ist eine gute Frage“, sagte mein Vater hastig, schob ein „Ruhe jetzt im Karton und schlafen! Ich kümmere mich darum“ hinterher und schloss die Tür. Ich hörte, wie Lisa sich mit Schwung auf ihr Kissen zurückfallen ließ, nur um sich dann noch mal aufzurichten und zu mir hinunterzubeugen.

„Wahnsinn, dass da nen Baum einfach umgefallen ist. Ob da wohl der Blitz eingeschlagen ist?“, fragte sie mit etwas gepresster Stimme, denn sie hing ja kopfüber.

„Bestimmt!“, erwiderte ich. „Wir gucken uns das morgen mal an.“ „Einen kurzen Moment stellte ich mir vor, was gewesen wäre, wenn der Baum auf unser Haus gefallen wäre. Lisa lag oben ziemlich schutzlos, aber ich war eigentlich ganz gut dran in meiner kleinen Höhle. Als ich kurz vor dem Einschlummern war, hörte ich noch, wie mein Vater das Telefon auflegte und erneut die Wohnung verließ. Der Sturm ebbte allmählich ab und im Treppenhaus blieb es nun auch ruhig. Ich lauschte noch ein bisschen dem Regen, der an unser Fenster trommelte, und schlief ein.

Am nächsten Morgen war der Sturm vorbei und ich wollte herausfinden, was genau passiert war. Ich sprang aus dem Bett und lief ins Schlafzimmer. Meine Mutter schlief noch und mein Vater war nicht da. Ich tapste barfuß in die Küche, wo die Teetasse meines Vaters auf dem Tisch stand. Das bedeutete, dass er zwischendurch da gewesen sein musste. Ich ging zurück ins Schlafzimmer, krabbelte auf das Bett, in dem meine Mutter langsam wach wurde, und schaute aus dem Fenster. Auf dem Betriebshof war alles verwüstet. Überall lagen abgeknickte Äste, die Abdeckung eines Containers hatte sich gelöst und lag mitten auf dem Weg und ein paar Mülltonnen waren umgefallen. Ihr Inhalt lag verstreut herum und ein paar Möwen stritten sich lauthals um die fette Beute. Ein Pfau kam laut krakeelend um die Ecke und selbst der sah ein bisschen zerzaust und mitgenommen aus.

Meine Mutter setzte sich im Bett auf, rieb sich die Augen und gähnte: „Ja, das war ein ganz schön doller Sturm gestern. Meine Güte. Zum Glück ist nicht noch mehr passiert!" Sie gähnte noch einmal und streckte sich in die Länge.

„Wer hat denn da abends noch angerufen und warum musste Papa noch mal los?", fragte ich sie neugierig und kuschelte mich in ihren Arm.

„Im Zoo ist wohl ein Baum auf das Vogelhaus gefallen, und da musste Papa schnell hin und mit anpacken."

Lisa kam ins Zimmer und setzte sich zu uns aufs Bett. „Was ist mit dem Vogelhaus?", fragte sie neugierig und guckte uns mit hellwachen Augen an.

„Lisa, stell dir vor", sagte ich aufgeregt „Da ist ein Baum raufgefallen. Und alle Vögel sind mit einem Mal weggeflogen."

Lisa guckte mich irritiert an und sagte dann: „Das glaub ich nicht. Du lügst doch!"

Ich schaute sie herausfordernd an, doch dann vermasselte meine Mutter mir die Tour: „Tina, erzähl doch nicht so ein Mist." Sie stand auf und ging in die Küche, um sich einen Kaffee zu machen. Ich lenkte ein und sagte: „Also, das mit dem Baum stimmt schon, aber ob da Vögel weggeflogen sind, weiß ich nicht. Da müssen wir Papa fragen, wenn der nachher kommt."

Lisa rollte mit den Augen und lief zurück ins Kinderzimmer. „Los, komm, wir gucken uns erstmal den Baum vor dem Haus an", rief sie mir aus dem Nebenzimmer zu.

„Hey, hey, hey! Nicht so schnell!", stoppte unsere Mutter unseren übermütigen Abflug. „Erstmal zieht ihr euch wenigstens was an."

Ich lief zu Lisa ins Kinderzimmer und wir schubsten uns vor dem Kleiderschrank hin und her. Jetzt musste ja alles schnell gehen, denn wir wollten schließlich sofort wissen, wie es da unten aussah.

„Und Zähneputzen!", rief meine Mutter uns aus der Küche zu. „Jaaaaa!", erwiderten wir im Chor, gingen dann rüber ins Bad und erledigten alles so schnell wie möglich. Mit meiner Zahnbürste im Mund lief ich auf den Balkon und schaute in den Garten. Überall lagen abgebrochene Äste, Zweige und Laub. Dann schaute ich nach links und sah unsere Nachbarn, die sich um einen riesigen umgestürzten Baum versammelt hatten. Ich lief schnell zurück ins Bad, spuckte die restliche Zahnpasta aus und rannte in Hausschuhen die Treppe herunter.

Als ich vor dem Baum stand, konnte ich es erst nicht glauben: Die große alte Tanne hatte sich einfach über den Zaun gelegt, als wäre sie aus Knete. Ihre riesige Wurzel ragte in die Luft. Um sie herum standen Ladwigs und Grafunders und waren in fachmännische Gespräche vertieft. Ich wäre gerne sofort auf den Baum hinaufgeklettert, denn was so lange scheinbar unbezwingbar in den Himmel ragte, lag nun wie auf einem Silbertablett vor mir. Ich sah mich schon balancieren und alles aufs Genauste inspizieren.

Doch dann kam mir ein verrückter Gedanke. Ich stieß Lisa mit dem Ellenbogen in die Seite, beugte mich zu ihr rüber und flüsterte: „Könnte ja auch sein, dass hier gestern Nacht nen Dino langgelaufen ist, und dabei ist der Baum umgefallen."

Um meine Theorie zu unterstreichen, winkelte ich meine Arme an, formte meine Hände zu kleinen Dinosaurier-Ärmchen und gab ein gekünsteltes Dino-Fauchen von mir. Lisa sah mich genervt an und sagte: „Jetzt hör doch mal auf mit den blöden Dinos! Es gibt keine Dinos mehr."

Ich ließ die Arme wieder sinken und schoss zurück: „Weißt *du* doch nicht. Du hast geschlafen und gar nix gesehen. Du *kannst* es also gar nicht wissen. Du weißt noch weniger als ich!" Dann hörte ich hinter uns schwere Schritte, die näher kamen. Ich schaute in alle Richtungen, konnte aber nicht erkennen, woher das Geräusch kam. Ein tiefes Schnauben ertönte und die Schritte kamen näher. Lisa und ich sahen uns mit großen Augen an. Ich dachte: „Da kommen sie! Jetzt holen uns die Dinos und fressen uns mit Haut und Haaren."

Einerseits fürchtete ich mich, andererseits freute ich mich darüber, dass Lisa mir gleich Recht geben musste. Doch dann hörte ich meinen Vater. „Sara ... hiiiiiiier ... hiiiiiier geht's lang!"

Ich drehte mich um und plötzlich sah ich ihn mit den zwei Elefanten um die Ecke biegen.

„Ich hab zwei Kolleginnen mitgebracht zum Aufräumen!“, witzelte er und zwinkerte uns zu. Zu dem außergewöhnlichen Reinemachtrupp gehörte außerdem ein Kollege meines Vaters, der eine Kettensäge dabeihatte.

Meine Schwester drehte sich zu mir um und sagte siegessicher: „Von wegen Dinos. Haha!“

Dann lief sie schnell zu meinem Vater und den Elefanten. Ich blieb an dem Baum stehen und war ziemlich enttäuscht. Zum einen, weil ich die Sache mit den Dinos jetzt irgendwie anders beweisen musste, und zum anderen, weil der Baum anscheinend zersägt werden sollte, und ich so leider nicht mehr die Möglichkeit haben würde, ihn zu erklimmen.

Im nächsten Moment schon erklang das wilde Geheule der Kettensäge und jemand zog mich von hinten am Pullover aus der Gefahrenzone. Damit die Elefanten sich nicht allzu sehr vor dem lauten Rattern der Säge erschraken, blieb mein Vater etwas abseits mit ihnen stehen und hielt sie mit einem Sack voll Äpfel bei Laune. Als der Kollege fertig war, setzte er seinen Helm ab und nickte meinem Vater zu. Der gab den Elefanten ein Zeichen und ging mit ihnen zu den Baumstückchen. Wir wichen alle noch mal ein paar Meter beiseite, aber die Elefanten wussten anscheinend genau, was zu tun war. Mit ihren Rüsseln hoben sie die unheimlich schweren Baumklötze an und trugen sie eins nach dem anderen in Richtung Futtermeisterei, denn von dort sollten sie abtransportiert werden.

Ich ging hoch und schaute mir den Rest des Spektakels vom Balkon aus an. Meine Mutter kam dazu und sagte: „Schon praktisch, wenn man eine kleine Elefantenherde hinterm Haus stehen hat, nicht wahr?"

Sie zupfte ein paar welke Blätter aus dem Blumenkasten und fuhr dann fort: „Ich hab vorhin übrigens mit Jörg geredet. Aus dem Vogelhaus ist kein einziges Vögelchen abgehauen. Es ist zwar tatsächlich ein Baum direkt auf das Haus gefallen und das Dach ist an einer Stelle sehr kaputt, aber es wurde keines der Gehege beschädigt. Da haben die Piepmätze also noch mal Glück gehabt."

In dem Moment rumpelte es im kleinen Häuschen von Max und Moritz und mein Meerschweinchen kam rausgekrochen. Ich nahm es auf den Arm, streichelte es und betrachtete sein abgebissenes Ohr. „Ja, wer weiß von wem Moritz dann angegriffen worden wäre", überlegte ich. „Vielleicht hätten sie ihm auch noch das zweite Ohr abgekaut."

STRÖPERN

Im Sommer waren Lisa und ich die meiste Zeit draußen. Wenn wir nicht auf dem großen Spielplatz hinter unserem Haus waren, spielten wir im Garten oder auf dem angrenzenden Hof der Futtermeisterei. Lisa, Michi und ich waren ein bisschen wie eine Bande, zwar hatten wir keinen offiziellen Namen wie „Die Pfefferkörner“ oder „TKKG“, aber man kannte uns als die drei aus dem Zoo. Dadurch, dass Michi ein Jahr älter war als meine Schwester, durften wir schon früh alleine mit ihm herumströpern. So nannten wir das damals: ströpern. Es bedeutete, dass wir uns unsere Hose in die Socken steckten und jeder sich einen großen, stabilen Stock suchte. Das mit der Hose war wegen den Zecken und den Stock brauchten wir, um uns vor größeren Tieren zu verteidigen, denn davon gab es hier ja allerhand.

Ein riesiger Kastanienbaum war unser Bandentreff. Um seinen Stamm herum richteten wir uns mit reichlich Fantasie häuslich ein. Wir unterteilten mit Hilfe von großen Ästen Zimmer und jeder von uns bekam einen Bereich zugeteilt. Sogar bei Regen gaben uns die großen Blätter ausreichend Schutz, so dass wir auch bei typisch norddeutschem Schietwetter unbekümmert draußen spielen konnten. Stundenlang dachten wir uns dann Geschichten aus, schnitzten an Ästen herum und schmückten alles mit Federn, die wir im Zoo fanden. Und wenn wir mal nicht unter unserer Kastanie zugange waren, dann spielten wir so lange Verstecken, bis die Sonne über dem Löwengehege unterging und wir zum Essen gerufen wurden.

Das Gelände um unser Haus herum war das reinste Versteck-Paradies, denn es bot unzählige Ecken, Winkel und geheime Verschläge. Manchmal dauerte es eine gefühlte Ewigkeit, bis wir die bald schon verzweifelten Rufe des Suchenden hörten.

„Mäuschen sag mal Piep“, hallte es dann aus der Ferne. Kam das Rufen näher, wusste ich sofort, was zu tun war. Ich wartete ein bisschen ab und lotete aus, wie weit Michi oder Lisa von mir entfernt waren. Sah ich dann ein Hosenbein oder den Ärmel einer Jacke vorbeihuschen, wusste ich: Jetzt losrennen, denn dann konnte ich mich an dem Baum, an dem vorher gezählt worden war, freischlagen. Ich musste nur schneller sein als der Jäger und rennen konnte ich zum Glück gut. Unsere Eltern hatten das Gebiet, auf dem wir abends spielen durften, eingegrenzt. Alles, was hinter unserem Bandentreff, der Kastanie, lag, durften wir nicht betreten. Zumindest nicht, wenn sie nicht dabei waren. Und dieses Verbot war auch gerechtfertigt, denn dort begann der Wirtschaftshof und der hatte wirklich gefährliche Ecken. Doch der Reiz des Verbotenen zog uns natürlich magisch an und so überschritten wir die Grenze ab zu. Einmal wären wir allerdings fast aufgeflogen.

An einem lauen Abend im Spätsommer hatten wir nach der Rückkehr vom Strand, wo wir den Nachmittag verbracht hatten, erbettelt, dass wir mit Michi noch ein bisschen draußen spielen durften.

„Na gut, aber in einer halben Stunde kommt ihr zum Essen hoch. Ich ruf euch dann“, gab sich unsere Mutter geschlagen. Lisa und ich sprangen die Treppenstufen zu Michis Wohnung runter, klingelten und liefen dann gemeinsam mit ihm zur alten Kastanie. Es war schon recht spät und die Abenddämmerung lockte bereits die ersten Fledermäuse aus ihren Verschlägen. Auch wenn ich das Gelände in- und auswendig kannte, in der Dämmerung bekam alles ein anderes Gesicht.

„Los wir spielen noch eine Runde Verstecken“, schlug Michi vor.

„O.k., du fängst an“, sagte Lisa.

„Na gut, aber wir spielen heute etwas weiter hinten“, offenbarte Michi uns mit einem verschmitzten Lächeln. Lisa und ich schauten uns an, denn wir wussten ja ganz genau, dass wir das nicht durften. Vorne allerdings kannten wir mittlerweile wirklich jedes Versteck. Also gingen wir nach hinten zu einer alten Fichte und starteten von dort aus ins Vergnügen.

Michi stellte sich an den großen Baum, hielt sich die Augen zu und fing an zu zählen. Als er fertig war, rief er laut: „Achtung, ich komme!“ und obwohl er sich wirklich Mühe gab, auf leisen Sohlen nach uns zu suchen, raschelten die Blätter unter seinen Schuhen so laut, dass ich jeden seiner Schritte hörte und mich noch weiter in mein Versteck kauerte. Es war hinter den großen Mülltonnen, in denen der Abfall vom Wirtschaftshof gesammelt wurde. Erst wollte ich mich woanders verstecken, denn dort roch es manchmal so streng nach Verwesung, dass ich wirklich nicht wissen wollte, was in den Tonnen alles entsorgt wurde. Doch dann hörte ich, dass Michi fast fertig war mit dem Zählen, und so kroch ich zwischen die gelbe und die blaue Tonne und machte mich so klein ich nur konnte. Dort verharrte ich mucksmäuschenstill in der Hocke. Das Getrampel kam näher. Dann hörte ich noch jemanden rennen und dann das Fluchen meiner Schwester. Anscheinend hatte Michi Lisa entdeckt und gefangen. Jetzt fehlte also nur noch ich. Als ich nichts mehr hörte, schaute ich vorsichtig um die Ecke, konnte aber niemanden sehen. Nur zwei Pfauen stolzierten über den Hof und kamen genau auf mich zu.

„Haut ab!“, flüsterte ich leise und machte mit den Armen eine aufscheuchende Bewegung, mit der ich verhindern wollte, dass sie mich verrieten. Doch die Pfauen ließen sich davon nicht beeindrucken. Im Gegenteil, es schien ihre Neugierde nur noch zu steigern. Als ich ein beherztes „Weg mit euch!“ in Richtung Pfauenpaar zischte, hörte ich plötzlich Schritte, die ganz nah zu sein schienen. Jetzt half nur noch rennen. Ich schoss aus meinem Versteck und wäre um ein Haar direkt in Michi gelaufen, konnte jedoch in allerletzter Sekunde an ihm vorbeisteuern. Für einen kurzen Moment sah es richtig gut für mich aus. Doch dann legte auch Michi einen Zahn zu und wir lieferten uns ein wildes Wettrennen. Fast zeitgleich schlugen wir am Stamm an.

In der folgenden Diskussion bestand ich natürlich darauf, dass ich gewonnen hatte, doch dann vermasselte Lisa mir die Tour. Sie meinte bezeugen zu können, dass Michi ein ganz kleines bisschen schneller gewesen war.

„Von wegen Blut ist dicker als Wasser!“, dachte ich, verschränkte die Arme vor der Brust und rief laut: „Ihr seid blöd!“

Mein Blick verdunkelte sich und ich fühlte, wie die Wut in mir aufstieg, mir den Hals zuschnürte. Mit Ungerechtigkeit war es wie mit kratzigen Rollkragenpullovern: Ich konnte sie auf den Tod nicht ausstehen und beides nahm mir die Luft zum Atmen. Wild gestikulierend schleuderte ich meinen Schlüssel herum, den ich an einem Band trug. Michi rempelte versöhnlich gegen meine Schulter.

„Tina, ist doch egal“, sagte er und grinste mich breit an. „Hauptsache, dabei gewesen zu sein!“

Das machte mich nur noch wütender und durch das Anrempeln verlor ich kurz die Kontrolle über meinen Arm, das Schlüsselband rutschte mir aus der Hand und der Schlüssel flog in einem hohen Bogen durch die Luft. Mit einem lauten klirrenden Geräusch landete er auf einem alten Gewächshaus, das hinter uns war.

„Oh nein, nicht schon wieder der Schlüssel!“, sagte ich und schlug mir mit der Hand an die Stirn. Ich hatte nur eine Woche zuvor mein ganzes Schlüsselbund verloren. Es musste mir im Zoo irgendwie aus der Tasche gerutscht sein und obwohl ich das ganze Gelände absuchte, blieb er verschwunden. Ich bekam mächtig Ärger und den nächsten Schlüssel hängte meine Mutter mir dann extra an einem

Band um den Hals. Ich befestigte zusätzlich einen Schlüsselanhänger der Kelly Family daran, den ich aus der Bravo hatte, denn ich dachte, so würde ich sorgfältiger auf den Schlüssel aufpassen. Die Kellys waren damals Lisas und meine Lieblingsband und einmal spielten sie sogar ein Konzert ganz bei uns in der Nähe. Leider erlaubten uns unsere Eltern nicht hinzugehen und stattdessen standen wir an dem Abend, an dem das Konzert im benachbarten Ostseestadion stattfand, barfuß und in unseren Nachthemden auf dem Balkon und lauschten begeistert den nur allzu bekannten Klängen, die der Wind aus der Ferne zu uns rüberwehte. Lauthals sangen wir von unseren Logenplätzen aus mit, bis unsere Mutter uns irgendwann ins Bett schickte. Ein paar Tage später geschah dann sogar ein kleines Wunder, denn wir fanden zwei original Autogrammkarten in unserem Briefkasten. Auf der Rückseite schrieben sie, dass sie sich freuten, dass wir immer ihre Lieder mitsängen und dass sie uns herzlich grüßten. Lisa und ich konnten unser Glück kaum fassen und erst als ich ein paar Jahre später anfing, die Unterschrift meines Vaters für die Schule zu fälschen, bemerkte ich die Ähnlichkeit von seiner Schrift mit der der Kelly Family.

Den Schlüsselanhänger also hütete ich wie einen kleinen Schatz. Und nun lag er da oben auf dem Gewächshaus und da wir im verbotenen Bereich spielten, konnten wir auch niemanden um Hilfe bitten, denn sonst wäre ja alles aufgeflogen.

„Wir müssen den Schlüssel wieder runterholen, sonst krieg ich richtig Ärger!“, jammerte ich und schaute verzweifelt in die Runde. Und natürlich hörten wir in genau diesem Moment auch noch die entfernten Rufe unserer Mutter, die wollte, dass wir zum Abendbrot hochkamen.

Um uns herum wurde es immer dunkler und langsam verwandelte sich meine Wut in Panik. Gemeinsam suchten wir nach etwas, womit wir auf das Dach kommen könnten. Dann erinnerte sich Michi, dass er beim Versteckspielen eine große Leiter entdeckt hatte.

„Hinten auf dem KFZ-Hof stand die", sagte er.

Der KFZ-Hof hieß so, weil dort die Zooautos gewartet und repariert wurden, und auch der war für uns absolut tabu. Aber was blieb uns anderes übrig. Also liefen wir rüber und suchten die Leiter. Sie lehnte an einer Garage, in der ein alter Jeep in Zebraoptik stand. Michi versuchte sie anzuheben, doch sie war zu schwer. Also mussten wir alle mit anpacken, um die große und rostige Leiter zum kleinen Gewächshaus zu tragen. Dort angekommen stellten wir sie vorsichtig an das Dach und ruckelten sie so zurecht, dass sie halbwegs grade stand. Jetzt mussten wir nur noch entscheiden, wer raufklettert.

„Tina, du hast den Schlüssel raufgeworfen, also musst du ihn auch holen, ist ja wohl klar!", spielte Michi sich auf. Ich kniff meine Augen zusammen, schaute ihn grimmig an und sagte: „Aber ich hab es ja überhaupt nicht mit Absicht gemacht!"

Aus dem Wohnhaus hörten wir erneut unsere Mutter rufen.

„Los, mach halt jetzt! Sonst kriegen wir noch doppelt Ärger", fauchte meine Schwester mich an. „Außerdem bist du die Leichteste. Los mach hin!“ Sie drehte sich noch einmal prüfend zum Fenster um, aus dem unsere Mutter nun schon zweimal nach uns gerufen hatte.

„Boah, eyyyy!“, rief ich genervt, stieg aber auf die Leiter und nahm die erste Stufe mit sehr viel Schwung. Sofort merkte ich, wie wackelig die ganze Angelegenheit war. Ich hielt meine Wut zurück und schlich die restlichen Stufen so vorsichtig ich nur konnte hoch. Die Leiter knarzte verdächtig und ich atmete erst wieder auf, als ich oben angekommen war.

Das Dach war aus durchsichtiger Wellpappe und sah schon so alt aus, dass ich große Zweifel an seiner Stabilität hatte. Um zu prüfen, ob es mich halten würde, machte ich einen vorsichtigen ersten Schritt. Es knackte verdächtig und beim genaueren Hinsehen entdeckte ich nun auch einige Löcher, die groß wie Suppenteller waren. Ich machte einen zaghaften zweiten Schritt und trotz seines lädierten Zustands schien mich das Dach zu halten. Etwa eineinhalb Meter von mir entfernt sah ich den Schlüssel samt Kelly-Anhänger liegen. Obwohl das Dach relativ stabil zu sein schien, entschied ich mich sicherheitshalber auf Knien zu ihm hinzukrabbeln. Ein bisschen fühlte ich mich wie auf ganz dünnem Eis.

Ich legte mich ganz flach hin und reckte meine Finger Richtung Schlüssel, doch der lag so blöd an einer Öffnung, die scheinbar eine Art Lüftung war, dass ich einfach nicht rankam.

„Ich brauche einen Stock!“, rief ich, doch nichts passierte.

„Einen Stoooock!“, rief ich erneut nun ein bisschen lauter,

doch wieder kam nichts von unten zurück. Hatten sie mich etwa nicht gehört?

„Stooooooooock!“, rief ich noch einmal und diesmal so laut ich konnte.

Dann plötzlich kam ein großer stabiler Ast angeflogen und landete direkt auf mir. Ich drehte mich vom Bauch auf die Seite, der Stock fiel von mir runter und nun konnte ich ihn fassen. Ich nahm ihn und versuchte mit seiner Hilfe, an das Band vom Schlüssel zu kommen.

Plötzlich hörte ich Flügelschlagen und ein Schatten legte sich über mich. Was war das denn? Ich reckte den Hals und schaute nach oben. Wie ich da so auf dem Bauch lag, muss ich ausgesehen haben wie eine hilflose Schildkröte, nur, dass ich keinen Panzer hatte, in den ich mich retten konnte. Im nächsten Moment landete das unbekannte Flugobjekt direkt neben mir und ich hörte wie spitze Krallen auf dem Wellblech klackerten.

Vor lauter Schreck rutschte der Schlüssel, den ich grade erfolgreich mit dem Stock geangelt hatte, vom Haken und fiel mit einem lauten Scheppern ins Innere des Gewächshauses. Bäuchlings reckte ich meinen Kopf, um zu gucken, was da angeflogen gekommen war, und natürlich war es kein Flugsaurier, wie mein Jurassic-Park-geschädigtes Hirn kurz gedacht hatte. Es war einer der Pfauen, die mir eben schon beim Versteckspielen die Tour vermasselte hatten.

Von unten hörte ich Lisa rufen: „Och nee, Tina! Jetzt ist der Schlüssel da drin.“

Für einen Moment ließ ich meinen Kopf sinken und legte meine rechte Wange auf dem dreckigen Dach ab. Plötzlich fühlte ich mich sehr erschöpft. Und Hunger hatte ich auch. Doch ich raffte mich wieder auf, denn jetzt musste ich ja erstmal heil runterkommen. Immer noch auf Knien versuchte ich, den gleichen Weg rückwärtszukrabbeln, was ein schwieriges Unterfangen war. Mit meinem Fuß stieß ich gegen etwas Hartes. Ich drehte mich um und sah, dass es die Leiter war, die bedrohlich in der Luft umherwackelte. Doch zum Glück hielten Lisa und Michi sie in letzter Sekunde fest.

Ich versuchte, vorsichtig hinabzuklettern, doch die Sprossen waren so weit auseinander, dass ich mich ordentlich anstrengen musste. Das war mir auf dem Hinweg gar nicht so aufgefallen. Unten angekommen hielten wir alle einen Moment inne.

Ich ließ Kopf und Schultern hängen und sagte: „Also ich geh da bestimmt nicht rein. Da sind Schlangen und Spinnen drin." Lisa guckte mich an.

„Ach Quatsch", sagte Michi. „Dann geh ich halt." In dem Moment rief unsere Mutter erneut aus dem Schlafzimmerfenster in den dämmernden Zoo: „Lisa, Tina, jetzt kommt endlich! Das Essen wird kalt."

„Jaaaa. Wir kommen", rief ich so laut ich konnte.

Michi ging zu der kleinen Tür des Gewächshauses und drückte die Türklinke runter.

„Wenn die jetzt verschlossen ist, dann haben wir ein Problem", raunte Lisa mir zu. Aber sie war offen, Michi ging rein und kam mit dem Schlüssel wieder raus.

„Puhhh, Glück gehabt!" Schnell griff ich nach dem Schlüsselband und drückte meinen Kelly-Anhänger fest an mich. Dann liefen wir schnell zurück zum Haus und bemerkten erst jetzt, dass es schon fast komplett dunkel war.

Als ich oben im Flur ankam, pochte mein kleines Herz immer noch ganz wild. Unsere Mutter kam in den Flur und machte das Licht an.

„Muss ich euch eigentlich immer alles dreimal sagen?!“, fragte sie genervt, stemmte ihre Hände in die Hüfte und schaute uns verärgert an. Dann blieb ihr Blick an mir hängen. „Wie siehst du überhaupt aus? Warum bist du so schmuddelig?“

Ich schaute an mir herab und bemerkte, dass ich mich bei der Schlüsselaktion von unten bis oben eingesudelt hatte. „Ich ... na ja ... wir haben gespielt“, stammelte ich.

„Was habt ihr denn bitte gespielt, wobei du so schmuddelig geworden bist?“ Meine Mutter kam dichter und zog mir einen kleinen Ast und ein paar Blätter aus meinem blonden Wuschelkopf. „Und warum hast du ein ganzes Gebüsch in den Haaren?“

„Michi hatte unseren Ball in die Hecke geschossen, und da musste ich, weil ich ja die Kleinste bin, rein und den rausholen“, log ich sehr überzeugend.

Lisa schielte zu mir rüber. Sie konnte leider überhaupt nicht lügen und nur danebenzustehen ließ in ihr die Panik hochsteigen. Unsere Mutter runzelte die Stirn, schaute mich noch einmal prüfend an und schickte uns dann ins Badezimmer. „Los jetzt Händewaschen und dann ab an den Tisch!“, sagte sie in einem strengen Befehlston, dem sich Lisa und ich lieber nicht widersetzten.

Am nächsten Tag kehrten wir noch einmal zum Tatort zurück und guckten uns die ganze Geschichte im Hellen an. Auf dem Dach sah man einen deutlichen Abdruck meines Körpers und meiner Hände. „Sag mal Tina, wart ihr neulich auf dem Dach vom alten Gewächshaus?“, fragte mein Vater mich am nächsten Abend und durchbohrte mich mit einem strengen Blick. „Der Futtermeister hat mich nämlich angesprochen und gemeint, dass da so komische Abdrücke zu sehen sind.“ „Hä?“, erwiderte ich in einem flapsigen Ton. „Wie sollen wir denn da überhaupt raufkommen? Das war bestimmt einer dieser blöden Pfauen!“, sagte ich und wandte mich schnell von ihm ab, denn ich merkte, wie ich rot wurde. So gut lügen konnte ich auch wieder nicht. Mein Vater aber glaubte mir und das Thema kam zum Glück nie wieder auf den Tisch. Doch bestraft wurde ich trotzdem: Nur wenige Tage später verlor ich meinen Schlüssel im Wald.

FREE WILLY

Wenn es draußen Herbst wurde und dicke Tropfen an die Scheibe von unserem Kinderzimmer hämmerten, rollten sich die Tiere im Zoo in ihren warmen Häusern ein. Die Besucher blieben aus und der Spielplatz hinterm Haus wirkte wie ein kahler Baum, dem alle seine Blätter ausgefallen waren. Trist und mit einem klagenden Quietschen wippten die verlassenen Schaukeln wie Äste im Wind. Das Kindergeschrei, das der Wind tagtäglich durch unser Fenster wehte, wurde durch das laute Krächzen der Krähen ersetzt. Während der Zoo leerer wurde, wurde die Arbeit für die Tierpfleger mehr, denn sie waren den ganzen Tag mit Laubharken beschäftigt, was körperlich anstrengend und geistig ermüdend war. Je kürzer die Tage wurden, desto länger wurden die kleinen Mittagsschläfchen meines Vaters auf dem Flur. Außerdem rettete er sich mit einem sogenannten „Rollgriff" durch den Tag. Dafür krümmte er seine rechte Hand in eine stabile Schaufelposition, fuhr damit gekonnt in die großmütterliche Keksdose und versuchte, so viele Kekse abzugreifen wie möglich. Lisa und ich guckten uns diesen Spezialgriff ab und praktizierten ihn im nahegelegenen Supermarkt an der Fleischtheke, denn da stand neben Räuchersalami und Kochschinken ein Glas mit herrlich bunten Kaubonbons.

Wir schlichen immer und immer wieder um das Glas herum, stellten uns auf Zehenspitzen, lächelten süß und wenn die Verkäuferin kurz wegsah, um eine Schweineflanke zu zerhacken oder sonst was Fleischermäßiges zu erledigen, schlugen wir zu und machten uns die Taschen voll. Wenn sich die Wurstfachverkäuferin wieder der Theke widmete, waren wir mit unserer fetten Kaubonbonbeute schon über alle Berge. Waren wir weit genug vom Tatort entfernt, schauten wir uns verschmitzt und siegessicher an, trollten uns diebisch weiter Richtung Zoo und fingen an zu mampfen.

Noch Jahre später fand ich immer mal wieder eins der kleinen Silberpapiere, in die die viereckigen Kaubonbons eingepackt waren, in irgendeiner meiner Taschen. Es war schon verrückt: Da hatten wir ein ganzes Kindertraumland vor unserem Fenster und waren dennoch zu dieser Form der Beschaffungskriminalität gezwungen. Wir lebten eben unter einem strengen Regime. Wenn es nach unserem Vater gegangen wäre, hätte er „dieses ganze süße Zeug“ am liebsten komplett von uns ferngehalten. Doch ich habe ihn oft genug mit grabender Schaufelhand beobachtet, um zu wissen, dass dies ein ganz klarer Fall von „Wasser predigen und Wein saufen“ war.

Als waschechte Zoofans ließen Lisa und ich uns jedoch nicht von der zunehmenden Winterstarre beirren: Bei uns ging der sommerliche Zoobetrieb im Kinderzimmer einfach weiter. Ein besonders großzügiger Weihnachtsmann hatte uns nämlich zur Freude aller Familienmitglieder einen ganzen Playmobil-Zoo geschenkt und so konnten wir unsere Draußen-Welt im Kinderzimmer in Miniatur nachbauen. Es gab Zebras, Affen, natürlich Elefanten und die dazugehörigen Pfleger in beiger Arbeitskleidung. Außerdem hatten wir eine große Futterküche mit Heupaketen für die Elefanten und winzigen Fischen für die Robben. Hinzu kam eine ganze Kiste voll Zubehör, von der Laubharke bis zur Schubkarre war alles dabei. Und sogar Zoobesucher mit Kamera um den Hals und Eis in der Hand bevölkerten unseren Playmobil-Tierpark. Unter dem hellen Licht der Schreibtischlampe, die wir abmontiert und auf den Boden gestellt hatten, war immer Sommer.

Hatte sich eines der Miniatur-Tiere verletzt, was natürlich ab und zu mal vorkam, kümmerte sich die Tierarzt-Barbie, die Lisa mal zum Geburtstag bekommen hatte. Die schmucke Tiernärrin mit Modelfigur trug einen weißen Kittel mit einer rosa Katzenpfote auf der Brust und kümmerte sich um alle tierischen Patienten mit viel Geduld und Hingabe.

Und hatten wir mal keine Lust auf Zoo, schoben wir Robbenbecken und Affenhaus beiseite und schütteten mit lautem Getose die Kiste mit den Matchboxautos auf unserem Autoteppich aus, um dann unsere Lieblinge aus dem Haufen auszusortieren. Da wir mit denen im Sommer auch viel draußen spielten, waren viele von ihnen vom Rost zerfressen und die sandigen Kugellager machten das Fahren schwer, aber das störte uns nicht weiter, denn gut genug für das, was wir mit ihnen vor hatten, waren sie allemal.

Während wir mit geschickter Kinderhand die Autos lenkten, vergaßen wir alles um uns herum und verloren uns manchmal komplett in unserer Fantasiewelt. Wenn wir dann irgendwann wiederauftauchten, hatten wir meist aufgeschubberte Knie von dem rauen Teppich, der zwar super zum Spielen war, aber wirklich bequem leider nicht.

Mein Lieblingsauto war ein rosa Pick-up, der schneller und robuster war als die anderen Autos. Fixiert mit flinkem Daumen und schnellem Zeigefinger lenkte ich ihn um alle Ecken und Kurven, die der Teppich hergab. Als Pick-up musste er meist verschiedene Transporttouren übernehmen. Viel passte hinten leider nicht rauf, aber für kleine Speditionsaufträge aus dem Zoo reichte der Platz aus. Im dichten Verkehr vermischte sich dann die Playmobilwelt mit der motorisierten Welt des Autoteppichs und so konnte es durchaus vorkommen, dass ein Löwe aus dem Zoo ausbrach und plötzlich den ganzen Verkehr lahmlegte. Und während andere Kinder alle möglichen Vater-Mutter-Kind-Konstellationen durchspielten, beschäftigten wir uns in unserer Fantasiewelt mit zoologischen Havariefällen aller Art. Der rosa Pick-up spielte hierbei immer eine Hauptrolle, lieferte aus, holte ab und war meist als Erster zur Stelle. Klar, er war ja auch der Schnellste in unserem Matchbox-Fuhrpark. Er brachte Ranger in den Dschungel oder fing eine ausgebrochene Affenfamilie wieder ein, die erheblich den Verkehr störten.

Eines Tages brachte unser Vater dann ein paar Fische aus dem Zoo mit und richtete ihnen bei uns im Kinderzimmer ein spärliches Aquarium ein. Es waren winzig kleine rötlich orange Schwertträger. Das Schwert lugte schwarz und vermeintlich scharfkantig unter ihrer Schwanzflosse heraus und ließ sie für Feinde größer aussehen, als sie tatsächlich waren. Während unser Vater Sand und ein paar Pflanzen heranschaffte, tat er so, als würde er das alles nur für uns machen, aber in Wirklichkeit machte er das alles hauptsächlich für sein eigenes Vergnügen. Wir freuten uns trotzdem und hockten dann mit ihm zusammen vor dem Aquarium, beobachteten das bunte Treiben der Unterwasserwelt und lernten mehr über das Thema Aquaristik, als uns eigentlich lieb war. Aber das Interesse war nicht wirklich von langer Dauer, schließlich gab es direkt hinter unserem Haus einen ganzen Zoo mit etlichen Tiere, die sehr viel spannender waren als diese stummen und schuppigen Flossenfreunde.

Spannend wurde es erst, als auch die Fische plötzlich unfreiwillig Verkehrsteilnehmer auf unseren eindimensionalen Straßen wurden. Denn leider hatte unser Vater vergessen, eine Glasplatte auf das Aquarium zu legen, und so kam es vor, dass morgens kleine Schwertträger auf unserem Autoteppich lagen. Manchmal zuckten ihre kleinen Körper noch ein bisschen, bevor sie dann das Zeitliche segneten. Ich fand das richtig schrecklich. Mussten doch die mutigsten von ihnen diesen staubigen Märtyrertod sterben. Oft griff ich dann nach ihren trockenen Fischkörpern und wollte sie noch irgendwie retten. Tierarzt-Barbie war aber leider nicht auf Fische spezialisiert und wusste auch keinen Rat. Dass mein Vater den Freiheitsdrang der kleinen Fische unterschätzte und einfach vergaß, eine Glasplatte aufs Aquarium zu legen, ließ mich schon in sehr jungen Jahren stark an seiner Kompetenz als Tierpfleger zweifeln. Wild gestikulierend hatte er uns schließlich immer wieder erklärt, dass es in der Tierhaltung um die drei S ging: sicher, sauber, satt. Diese Tiere waren jedoch eher staubig, sediert und sicher bald tot.

Ein Ereignis jedoch sollte meinen Umgang mit den fliegenden Fischen maßgeblich ändern. An einem verregneten Samstagvormittag im Oktober, draußen prasselte das Wasser von allen Seiten an unser Fenster – typisches norddeutsches Schietwetter – und Lisa und ich langweilten uns, blickte mein Vater nach einer gefühlten Ewigkeit von seiner Frühstückszeitung auf und sagte: „Im Kino läuft ein toller Film über einen Wal. Wollen wir uns den vielleicht anschauen?"

Ich war sofort Feuer und Flamme. Bis auf einmal war ich noch nie im Kino gewesen – und auch das zählte nicht wirklich. Meine Eltern schleppten mich und Lisa damals mit in einen sterbenslangweiligen Stummfilm über Insekten – eineinhalb Stunden krabbelten Käfer und andere Mehrfüßler in Zeitlupe über die Leinwand. Puhh, war ich froh, als der Film endlich vorbei war.

Aber ein Film mit Walen, das stellte ich mir um einiges aufregender vor. Ich hatte eine Ahnung wie groß diese Tiere sind, denn bei uns im Zoo war der Unterkiefer eines dieser gigantischen Meeresbewohner ausgestellt. Direkt neben dem Robbenbecken wurde der riesige Knochen auf zwei Metallsockeln präsentiert und immer wenn ich daran vorbeiging, konnte ich einfach nicht glauben, wie gigantisch er war. Wie konnte allein der Unterkiefer eines Tieres fünfmal so groß sein wie ich? Das überstieg meine Vorstellungskraft um mindestens einen ganzen Wal.

„Wie heißt denn der Film?", fragte ich neugierig.

„Free Willy – Ruf der Freiheit", las mein Vater aus der Zeitung vor. Dann faltete er sie mit einem Ruck zusammen, stand endlich vom Tisch auf und sagte: „Wollen wir?"

Lisa und ich nickten eifrig und so stiegen wir zu dritt in die Straßenbahn und machten uns auf den Weg Richtung Innenstadt. Im Kino angekommen kauften wir uns drei Eintrittskarten und eine große Tüte Popcorn. Ich schaute mich um und bewunderte die vielen Filmplakate, den roten Teppich, die Popcornmaschine und die weichen Sessel, in die wir uns einfach rückwärts fallen ließen. Schon bevor der Film losging, war ich wie verzaubert, und stopfte vor Aufregung so viel Popcorn in mich hinein wie nur irgendwie möglich. Als der Vorhang endlich aufging, war mir ein bisschen schlecht und zwischen meinen Backenzähnen klebten unzählige Maiskörnerreste. Doch das war schnell vergessen: Willy zog mich vollkommen in seinen Bann. Mit gerecktem Kopf und offenem Mund starrte ich wie hypnotisiert auf die riesige Leinwand, die gefühlt 100-mal so groß war wie unser kleiner, pupsiger Fernseher mit den drei Programmen. Ganz zu schweigen von dem gigantischen Sounderlebnis, das mich wie eine große Welle traf, auf das offene Meer hinausspülte und mich mit jeder Faser meines Körpers in Aufruhr versetzte. Ich fühlte mit dem armen Waisenjungen Jesse, der sich mit dem großen, ebenfalls von seiner Familie getrennten Tier anfreundete, sah wie es in dem viel zu kleinen Becken leiden musste und schließlich einen Plan ausheckte, um ihn zu befreien.

Da wir in unserer kleinen Zoowelt umgeben waren von Tieren, die in kleinen Käfigen ihr Dasein fristeten, war meine Faszination für den Mut des Jungen überwältigend. Bisher hatte ich in meinem Alltag nur gesehen wie Tiere eingesperrt, noch nie aber wie sie befreit wurden. Als die große Schlüsselszene kam, in der Willy der Wal über eine Mauer in die Freiheit springen sollte, wurde es mir zu spannend. Ich suchte rettenden Schutz auf dem Schoss meines Vaters, klammerte mich fest an ihn und traute mich kaum hinzusehen. Doch dann war Willy endlich frei und der Abspann katapultierte uns wieder in die Gegenwart.

Wir nahmen unsere Jacken und die leere Popcornpackung und suchten im Dunkeln den Weg Richtung Ausgang. In dem kleinen Vorraum mussten sich meine Augen erstmal wieder an das Licht gewöhnen. Ich fühlte mich müde und völlig aufgedreht zugleich. Auf dem Weg nach Hause sprach ich von nichts anderem als von Jesse, meinem neuen Helden, und als wir zurück im Zoo waren, hätte ich am liebsten alle Käfige geöffnet, um die Tiere freizulassen. Und obwohl mein Vater mir erklärte, dass viele Zootiere bereits in Gefangenschaft geboren wurden und sich in der freien Natur gar nicht zurechtfinden würden, entwickelte ich nach diesem aufwühlenden Kinoerlebnis eine gewisse Abneigung gegen Tiere in Gefangenschaft beziehungsweise Gefangenschaft allgemein. Meine grenzenlose Begeisterung für den Zoo ging damit schon früh hops.

Zum Nikolaus steckte dann ein großes Filmplakat in meinem Schuh. Darauf zu sehen war wie Willy, der gefangene und misshandelte Schwertwal, über die Mauer in die Freiheit springt. Unter ihm steht Jesse und reckt den Arm in die Luft. Dreieinhalb Tonnen Freundschaft pur! Mein Vater war extra noch einmal zum Kino gefahren und hatte mir das Plakat besorgt. Noch am Morgen des Nikolaustags, bevor ich in die Schule musste, suchte ich in unserem Zimmer fieberhaft nach einem geeigneten Platz an der Wand. Dann entschied ich mich, es zwischen die beiden Fenster, die zum Zoo rausgingen, zu hängen – direkt über das Aquarium. Ich holte vier Stecknadeln und pinnte es an der Tapete fest. Jeden Abend lag ich von nun an im Bett und bewunderte das Bild.

Eines Morgens fand ich nach dem Aufstehen wieder einen der kleinen Schwertträger staubig und trocken auf dem Autoteppich. Schnell musste ein Plan her. Der kleine Flossenfreund sollte auf keinen Fall umsonst den großen Sprung in die Freiheit gewagt haben. Nicht nachdem ich Free Willy gesehen hatte.

Ich lud den halbtoten Fischkörper auf die Ladefläche des kleinen rosa Flitzers. „Nass halten“, dachte ich „auf alle Fälle nass halten!“ Das war das Wichtigste, das wusste ich ja aus dem Film. Also spritzte ich ihn mit Wasser aus dem Playmobil-Robbenbecken nass. In meiner Fantasie stellte ich das Blaulicht an und raste Richtung Wasser. Der Verkehr war dicht, überall versperrten rostige Matchboxautos den Weg und es war kaum zu schaffen. Doch in allerletzter

Minute erreichten wir das rettende „Meer“, in Form des Waschbeckens im Badezimmer. Auf dem blauen Handtuch, das vor dem Waschbecken als Badematte lag, parkte ich den Pick-up, der Fisch lag immer noch hinten drauf.

So schnell ich konnte, füllte ich Wasser ins Waschbecken, packte den kleinen Fischkörper und ließ ihn über die Waschbeckenkante ins kühle Nass springen. Also das heißt, ich hielt ihn zwischen meinen Fingern, denn aus eigener Kraft schaffte er es nicht mehr. Leider schien es bereits zu spät zu sein, denn auch nachdem ich ihn mehrmals mit meinem kleinen Finger angetippt und im Wasser rumgestochert hatte, rollte das Fischlein immer wieder mit dem Bauch nach oben. Ich deutete die Bewegung als Zeichen seiner Lebendigkeit, aber irgendwie schwamm er nicht so richtig. Ich beugte mich runter, um zu prüfen, ob er atmete. Dann hörte ich die Tür vom Badezimmer und die Stimme meines Vaters. „Was machst du da?“, wollte er wissen.

„Da ist schon wieder ein kleiner Fisch rausgesprungen und ich versuch dem zu helfen. Der lebt doch noch, oder?“, fragte ich und sah meinen Vater verzweifelt an.

Er krempelte seine Ärmel hoch, beugte sich über das Waschbecken und kniff die Augen zusammen.

„Hm, Tina, ich weiß nicht …“, sagte er.

Ich stupste den Fisch noch einmal an, doch es half nichts. „Aber bei Free Willy haben sie den ja auch gerettet. Und das war auch ganz knapp mit dem Wasser“, sagte ich aus voller Überzeugung und wollte die Hoffnung auf ein Happy End auf keinen Fall aufgeben.

Mein Vater sah mich verständnisvoll an. „Ja, Willy ... das ist noch mal eine andere Geschichte", sagte er und schöpfte den kleinen Fisch mit ein wenig Wasser in seine Hand. „Ich glaub der kleine Kollege hier wird leider nicht mehr."

Er schaute mich an. „Ich schick ihn jetzt per Express ins große Meer, o.k.?"

Er wartete auf mein Nicken, um sicherzugehen, dass das für mich auch o.k. war. Dann öffnete er den Klodeckel und schüttete den Fisch samt Wasser vorsichtig in die Toilette. Wir sahen ihm noch kurz nach, bevor mein Vater die Klospülung betätigte und er in einem blubbernden Strudel verschwand.

Ich ließ die Schultern hängen, denn auch wenn ich meinem Vater in vielerlei Hinsicht vertraute, so hatte ich doch Zweifel daran, dass mein kleiner Fischfreund tatsächlich ins Meer gelangen würde. Ernüchtert nahm der rosa Pick-up danach keine Rettungsaufträge mehr an. Es sollte ohnehin der letzte Fisch gewesen sein, der da aus dem Aquarium sprang, denn wir schafften es wieder ab.

DER HAUFEN VOR DEM ALTAR

Die Zeit, die Lisa und ich nicht im Zoo verbrachten, waren wir meist in der Kirche. Das lag nicht daran, dass unsere Eltern besonders religiös waren, sondern daran, dass unsere Großeltern in einer kleinen Kirche nur ungefähr 400 Meter von unserem Haus entfernt wohnten. Es war wirklich mehr oder weniger Zufall, dass wir so dicht beieinander lebten, aber schön war es allemal.

Die Eltern meiner Mutter waren schon immer sehr aktiv in der Kirche gewesen und schätzten die Gemeinschaft sehr. Unsere Oma Waltraud hatte ursprünglich in einem Kinderheim gelernt, dann aber die meiste Zeit ihres Lebens als Postbotin gearbeitet. Opa Egon war Dreher bei der Rostocker Werft gewesen, verlor seinen sicheren Arbeitsplatz aber wie viele andere durch die Wende. Als meiner Oma dann die Stelle der Küsterin in der evangelischen Gemeinde angeboten wurde, fackelten sie nicht lange und zogen 1991 in die Johanniskirche. Da die Miete günstig war, reichte das Geld für sie beide, und sie teilten sich den Job.

Die Rollen zwischen Waltraud und Egon waren ohnehin klar verteilt und jeder wusste, was er zu tun hatte. Oma überließ nichts dem Zufall. Wollten wir zum Beispiel einen

Ausflug machen, hatte sie vom Brillenputztuch bis zum Zahnstocher alles an Board, um auf jede Eventualität vorbereitet zu sein. Sie verließ das Haus nie ohne einen nassen Waschlappen in einer Plastiktüte, damit sie uns Kindern jederzeit und überall den eisverschmierten Mund oder die vom Fischbrötchen klebrigen Finger abwischen konnte.

Opa war das genau Gegenteil und saßen endlich alle im Auto, musste er mindestens zweimal zurück in die Wohnung, weil er etwas vergessen hatte: Schlüssel, Autopapiere, Sonnenbrille, irgendwas fehlte immer. Was er aber immer am Mann hatte, war sein rotes Schweizer Taschenmesser. Ausgerüstet mit Waschlappen und Universalmesser bildeten Oma und Opa die perfekte Symbiose und uns konnte absolut nichts passieren.

Wenn Lisa und ich nicht auf dem großen Spielplatz im Zoo oder im Heulager des Elefantenhauses spielten, schlichen wir meist verschwörerisch in den kühlen Räumen der heiligen Gemäuer umher oder lagen faul im großen Garten des Gotteshauses. Es war eine wirklich schöne Kirche, die Ende der 40er Jahre teilweise aus den Trümmern einer anderen im Krieg zerstörten Kirche errichtet worden war. Sie war nicht zu groß und nicht zu klein, sehr schlicht und dem vollen Einsatz unserer Oma sei Dank blitzsauber.

Genau wie der Zoo war die Kirche umgeben von dichtem Wald und vielen alten Bäumen. Stumm betteten sie das Gotteshaus aus roten Backsteinen in ein sanftes Grün. Wollten wir unsere Großeltern besuchen, spazierten wir einfach nur die kleine Straße, die Richtung Innenstadt führte, entlang und standen nach nur fünf Minuten vor ihrer Tür, die neben Haupteingang und Glockenturm lag. Dahinter lag eine steile Holztreppe, die zur Wohnung führte, und bei jedem Besuch rief uns unsere Oma voller Sorge von oben zu: „Seid bloß vorsichtig mit der Treppe. Schön langsam gehen!"

Ihre größte Angst war, dass einer von uns auf den schmalen Treppenstufen ausrutschte und die ganze, lange Treppe herunterpurzelte. Zum Glück ist aber nie etwas passiert.

Oben angekommen wurden wir meist von den herrlichsten Gerüchen empfangen: Hackbraten, Königsberger Klopse oder frisch gebackener Pflaumenkuchen. Bei Oma gab es wirklich alles, was das Herz begehrte. Manchmal wünschte ich mir Milchreis oder Pfannkuchen zu Mittag, aber das fiel bei Oma nicht unter „richtiges Essen". Richtiges Essen bestand aus Kartoffeln, Fleisch und Gemüse. So hatte sie es gelernt und auch Zeit ihres Lebens beibehalten.

Sprachen wir über Omas Kochkünste, fiel mein Opa uns gerne ins Wort und sagte dann mit einem Augenzwinkern: „Ich kann auch kochen. Wasser nämlich!" Es war natürlich ein Scherz, wenn auch einer mit einem wahren Kern. Denn auch wenn Oma und Opa sich gegenseitig in vielen Dingen unterstützten, die Küche war ausnahmslos Omas Gebiet.

Die Zutaten für die köstlichen Speisen lagerte sie in einer Speisekammer, deren niedrige Tür von der Küche abging. Es war wunderbar kühl dort drin und duftete nach frischen Äpfeln aus dem Garten, die dort meist eimerweise herumstanden. In kleinen Regalen lagerte außerdem Eingewecktes, alle möglichen Backzutaten, Kartoffeln und Gemüse aus Eigenanbau.

Neben Küche, Bad und Speisekammer hatte die Wohnung drei weitere geräumige Zimmer, die ausnahmslos picobello aufgeräumt waren. Nie lag etwas einfach so herum, wo es nicht hingehörte. Porzellanfiguren, Häkeldeckchen und von Opa selbstgedrechselte Ziertischchen sorgten dennoch für die nötige Gemütlichkeit und wir fühlten uns bei unseren Großeltern immer sehr willkommen und zuhause.

Oma Waltraud war eine kleine, rundliche Frau mit einem freundlichen Gesicht. Nur ihre Augen verrieten zuweilen, dass sie im Krieg Sachen erlebt hatte, die sie ganz weit wegschloss. Ihre braune Dauerwelle war immer gepflegt, aber auf Schminke und übermäßig viel Schmuck verzichtete sie, denn es ging ihr hauptsächlich darum anzupacken und das konnte sie am besten ohne zu viel Getüddel an Hals oder Handgelenk.

Fürsorglich wie sie war, legte sie meinem Opa stets die passende Kleidung raus. Fein säuberlich zusammengelegt fand er alles, vom Unterhemd bis zum Hosenträger, auf einem kleinen Hocker im Schlafzimmer und musste sich nach dem Anziehen nur noch die Haare richten. Dafür stellte er sich im Flur vor den kleinen Spiegel, zog einen Kamm, den er für solche Zwecke stets in seiner hinteren Hosentasche hatte, heraus und kämmte sich seine grauen Haare glatt zurück. Abgesehen von einem kleinen Bauchansatz lächelte ihn dann ein kräftiger und sportlicher Mann Mitte fünfzig mit einem verschmitzten Lächeln entgegen und sagte in breitem Norddeutsch: „Sooo, dann geit dat lous.“ Als ich noch ein Kleinkind war, durfte allein mein Opa Egon meinen Kinderwagen schieben, ansonsten fing ich sofort an zu heulen. Erst wenn ich Opas rustikale Handwerkerhände wieder am Griff erkennen konnte und er auf Plattdeutsch zu mir sagte: „Tina, wie geit di dat? Du büst son richtig lütten Schietbüddel. Dat well ik dir wohl mal vertellen“, war alles wieder gut und die Tränen trockneten.

Kam ich bei meinen Großeltern die Treppe hoch, fiel ich am liebsten schon im Flur über den Schuhschrank mit Omas Stöckelschuhen her. Die zu tragen war mein größter Traum. Denn wie konnte es sein, dass meine Barbies ausschließlich solche Schuhe trugen, ich aber meine Mutter schon für Lackschuhe ohne Absatz mindestens ein halbes Jahr anbetteln musste? Die Schuhe meiner Oma waren mir natürlich viel zu groß und so stakste ich wackelnd über den Flur und spulte in meiner Fantasie die Jahre vor, die es noch dauern würde, bis mir die Schuhe wirklich passten.

Wenn meine Oma gut gelaunt war, und das war sie eigentlich fast immer, durften Lisa und ich uns mit ihren aussortierten Sachen verkleiden. Wir kramten und wühlten in der Kiste herum und hatte Lisa sich nach langem Zögern endlich etwas ausgesucht, fiel mir plötzlich ein, dass ich genau dieses Teil auch wollte, und ich zettelte kurzerhand einen Streit an. Tapfer versuchte Lisa dann, ihr ausgesuchtes Kleidungsstück zu verteidigen, aber ich zeterte so lange, bis Oma zu dem großen Kleiderschrank im Schlafzimmer ging und Lisa einfach etwas anderes raussuchte. Das allerdings verschlimmerte die Situation nur. Denn mir ging es ja nicht um die Klamotte, sondern darum, dass ich immer genau das wollte, was Lisa grade hatte – also ging die Diskussion von vorne los. Es war der reinste Teufelskreis und das mitten in der Kirche!

Wie meine Großeltern es schafften, uns und die zeitintensive Arbeit in der Kirche unter einen Hut zu bekommen, ist mir bis heute ein Rätsel, denn Lisa und ich waren wirklich oft bei ihnen. Ohne zu zögern sprangen sie ein, wenn unsere Eltern uns nicht beaufsichtigen konnten und obwohl sie selbst so viel zu tun hatten, schaufelten sie sich Zeit für uns frei und taten alles dafür, dass es mir und Lisa gut ging.

Oft packten wir dann in der Kirche mit an, verteilten Sitzkissen und Gesangbücher oder legten Liederzettel aus. Wir schlichen im großen Kirchenschiff durch die Sitzreihen, quatschten am Altar Blödsinn ins Mikro, klimperten auf der Orgel oder auf dem Klavier im Gemeinderaum und läuteten mit unserem Opa zusammen die riesigen Glocken. In der Kirche war alles ein bisschen anders. Der Umhang vom Pastor hieß nicht einfach Umhang, sondern Talar, Spendengelder hießen Kollekte und Opa war kein Hausmeister, sondern ein Küster.

Schon beim Betreten der heiligen Gemäuer kroch mir der Geruch von Holz und altem Backstein in die Nase. Außerdem war es immer irgendwie kühl, und selbst an den heißesten Sommertagen bekam ich in der dunklen Kirche eine Gänsehaut. Das gedämpfte Licht und die Stille lösten in mir immer ein andächtiges Gefühl aus und so waren alle Bewegungen, die ich hier machte, irgendwie achtsam und langsamer. Auch weil ich mich permanent beobachtet fühlte. Denn selbst wenn Gott nicht wirklich alles sieht, so dachte ich, so sieht er sicherlich die Dinge, die in einem Gotteshaus geschehen. Die Allgegenwärtigkeit Gottes saß mir im Nacken und schüchterte mich ein. In der Kirche hielt ich mich daher brav an Regeln und Gesetze und schaffte es, mir die meisten Albernheiten, die ich im Kopf hatte, zu verkneifen. Außerdem wollte ich es mir ja auch nicht mit meinen Großeltern verscherzen, denn wer würde mir sonst den Schokomund abwischen oder mir mit seinem Taschenmesser ein Kastanienmännchen schnitzen?

Außerdem bekamen wir bei ihnen stets eine Extraportion Zucker, die unsere Eltern uns vorenthielten – und zwar aus dem Süßigkeitenschrank. Er war mit einem Schlüssel verschlossen und wenn ich im Esszimmer das vertraute Knarzen des Schlosses im Nebenzimmer hörte, wusste ich: Gleich gibt es was Süßes. Oma verwöhnte uns nach Strich und Faden. Waren wir bei ihr, ließen wir uns rückwärts ins Rundum-sorglos-Paket fallen wie in einen weichen Sessel. Wir durften fernsehen, bekamen hübsch angerichtete Leckereien, dazu Apfelschorle und wenn Opa da war, gab es immer was zu scherzen.

Als Lisa und ich ein bisschen älter waren, bettelten wir unsere Oma manchmal an: „Omi, dürfen wir auf den Dachboden?“ Dort stand nämlich ein alter Computer, von dem niemand so richtig wusste, wo der überhaupt herkam. Er hatte einen riesig großen Röhrenbildschirm und war der erste seiner Art, den ich zu Gesicht bekam. Wenn wir ihn anschalteten, flimmerten bestimmt ganze zehn Minuten lang völlig unverständliche grüne Zahlencodes über den Bildschirm. Wenn er sich dann endlich hochgefahren hatte, half Opa uns, das eine Programm zu finden, für das Lisa und ich uns interessierten: das Spiel „Snake". Da ich weder lesen konnte noch die englische Sprache beherrschte, nannte ich es einfach „das Spiel mit der Schlange". Das pixelige Tier schlängelte sich über den ganzen Bildschirm, wurde mit der Zeit immer länger und durfte weder gegen den eigenen Körper noch gegen eine Wand navigieren, denn sonst hatte man verloren. Später gab es das Spiel auch auf den ersten Nokia Handys. Obwohl es so simpel war, saßen wir stundenlang in Wolldecken gehüllt auf dem kalten Dachboden und zockten. Da immer nur eine spielen konnte, wechselten wir uns ab.

Heute amüsiere ich mich schon ein bisschen bei der Vorstellung, wie Lisa und ich dort auf dem Dachboden der Kirche hockten und stundenlang dieses doch etwas stupide Spiel spielten. Aber allein die Tatsache, *überhaupt* etwas an einem Computer zu spielen, beeindruckte uns zutiefst.

Als Lisa zehn und ich neun Jahre alt war, bekamen wir dann einen Hund. Unser noch junges Leben war durch ein dunkles Ereignis auf den Kopf gestellt worden und Gina sollte uns aufmuntern. Sie war noch ein Welpe, als sie zu uns kam, und so verspielt, dass wir ständig auf sie aufpassen mussten. Wenn sie mit uns in der Kirche war, rannte sie meist frei herum, schlich sich von hinten an und klaute eins der Kissen, die wir gerade auslegten. Damit rannte sie jedes Mal durch das ganze Gotteshaus.

„Gina, bleib stehen!“, rief Lisa dann und hastete hinterher. Aber der pfiffige Hund flitzte unter den Kirchenbänken durch, so dass es fast unmöglich war, sie zu fangen. Irgendwann tat Lisa dann so, als interessiere sie sich weder für Gina noch für das entwendete Kissen und sei mit etwas anderem ganz Wichtigem beschäftigte. Nur ab und zu schielte sie noch heimlich aus dem Augenwinkel zu Gina. Schnell wurde der dann langweilig und schon kurze Zeit später ließ sie ihre Beute fallen und trollte sich in Lisas Nähe. Meine Schwester wartete ab, bis Gina dicht genug bei ihr war, um sie dann mit einer schnellen Bewegung zu packen. „Hab ich dich endlich!“, sagte sie dann, leinte sie an und brachte sie nach oben in die Wohnung. Gina war eigentlich noch zu klein, um alleine zu bleiben. Versuchten wir trotzdem, ohne sie die Wohnung zu verlassen, kläffte sie in einer Tour und bellte die ganze Kirche zusammen. Also holten wir sie dann meist wieder runter und hofften, dass sie die Sitzkissen liegen ließ. Dann, an einem verregneten Freitag, halfen Lisa und ich nach dem Mittagessen, alles für den sonntäglichen Gottesdienst vorzubereiten. Gina hatte inzwischen verstanden, dass die Sitzkissen kein Spielzeug waren, und wir mussten nicht mehr ständig auf sie Acht geben.

Als unsere Oma nach oben ging, um den Talar für den Pastor zu bügeln, schlichen Lisa und ich in den Gemeinderaum, um ein wenig am Klavier zu klimpern. Da Gina uns nicht folgte, dachten wir, sie sei hoch in die Wohnung gelaufen.

Nach einigen missraten Flohwalzern von mir und einem herrlich extrovertierten Improvisationsstück von meiner Schwester beschlossen wir, ebenfalls hochzugehen. Wir hatten uns gerade auf den Weg gemacht, da hörten wir Oma im Kirchenschiff fürchterlich schimpfen: „Ihhh, was ist das denn?“ Eilig liefen wir die Treppe wieder herunter und sahen sie vor dem Altar stehen, wie sie wild den Kopf schüttelte und ernst und belustigt zugleich murmelte: „Das kann ja wohl nicht wahr sein! Gina!“

Wir liefen den weichen roten Teppich zum Altar entlang. Je näher wir kamen, desto penetranter kroch uns ein stechender Geruch in die Nase. Und schließlich sahen wir das Malheur: Der Hund hatte direkt vor den Altar geschissen. Eine länglich glänzende Wurst lag genau dort, wo sich sonst der Pastor mit großen Worten an die Gemeinde wandte oder Braut und Bräutigam sich das Ja-Wort gaben. Ich prustete zunächst laut los, versuchte, es mir dann aber doch lieber zu verkneifen, denn ich war mir damals nicht sicher, mit wie viel Humor der Mann mit dem weißen Rauschebart, der uns wahrscheinlich grade von oben herab beobachtete, ausgestattet war. Und auch wenn ich nicht so hundertprozentig an ihn glaubte, Ärger wollte ich mit dem trotzdem nicht. Ich hatte aber wirklich große Schwierigkeiten, mein glucksendes Kichern vollends zu unterdrücken. Ich sah hinüber zu Lisa, doch die grinste nur fett und lautlos.

Als ich meine Lachattacke halbwegs unter Kontrolle hatte, schlenderte unser Opa in seinem grauen Arbeitskittel in die Kirche. Er schien sichtlich erstaunt über die kleine Versammlung vor dem Altar und merkte erst gar nicht, was los war. Doch dann zeigte meine Oma mit dem Finger auf den göttlichen Haufen und sagte: „Egon, guck mal, was der doofe Hund jetzt schon wieder angestellt hat."

Mein Opa sah den Haufen und zog die Augenbrauen hoch. „Oha!", stellte er fest. „Wenn das der Pastor sieht! Dat gibt Mecker!"

Meine Großeltern schauten sich an, dann fingen beide schallend an zu lachen.

Als sie sich wieder gefangen hatte, schaute meine Oma sich in alle Richtungen um. „Wo ist denn dieser dumme Hund eigentlich?", fragte sie. Just in dem Moment hörten wir es in einer Ecke rascheln und Gina kroch mit geducktem Kopf und angelegten Ohren unter einer Kirchenbank hervor. Sie merkte wohl selbst, dass sie Mist gebaut hatte. Es war wirklich ein Bild für die Götter. Opa nahm den reuigen Hund an die Leine und brachte ihn nach oben, während Oma sich sofort daran machte, alles aufzuwischen. Die Schiete war zum Glück auf dem Steinfußboden und nicht auf dem Teppich.

Als meine Mutter von der Arbeit kam und uns abholte, guckte meine Oma sie verschmitzt an. „Du glaubst nicht, was der Hund heute wieder angestellt hat. Er hat ...", prustete sie und konnte ihr glucksendes Lachen nicht unterdrücken. „Er hat ..." Sie presste ihre Hand auf den Mund. „Glaubst' es?", brach es schließlich aus ihr heraus. „Er hat sein großes Geschäft direkt vor den Altar gemacht!" Unsere Mutter verdrehte die Augen. Dann musste auch sie aus vollem Herzen lachen.

Ob der liebe Gott Gina bei diesem göttlichen Geschäft nun zugesehen hatte oder nicht, werden wir wohl nie erfahren. Tat er es, scheint er in jedem Fall mehr Humor zu haben, als ich ihm als Kind zutraute. Denn Gina führte noch ein langes und glückliches Leben, in dem sie viele Kissen klauen konnte – nur ihre Toilette suchte sie sich fortan sorgfältiger aus.

WEIHNACHTEN IM ZOO

Es war einen Tag vor Weihnachten 1994, ich war sechs Jahre alt. Das Telefon klingelte und meine Mutter nahm ab. „Küchenmeister, hallo?“, sagte sie. „Nee, Weihnachtsgänse haben wir nicht. Da müssen sie sich verwählt haben“, fügte sie leicht genervt an und legte auf.

„Hm, komisch. Schon der dritte Anruf heute“, sagte sie nachdenklich und widmete sich wieder dem dampfenden Bügeleisen, denn sie war grade dabei eine Bluse zu plätten, die sie später bei der Weihnachtsfeier im Zoo anziehen wollte.

Als ich mit meiner kleinen Kinderbürste in den Flur kam, stellte sie das Bügeleisen in die Halterung und sagte: „Warte, ich helf' dir schnell.“

Sie nahm die Bürste und versuchte, durch meine dicke blonde Mähne zu kämmen, doch schon nach den ersten Bürstenhieben schrie ich: „Auaaaa, das ziiiiiiiept!“ und verzog das Gesicht. Sie kämmte ein bisschen sanfter, aber meine Haare waren ziemlich widerspenstig. Als sie fertig war, wollte sie mir die Haare zu einem schicken Seitenzopf zusammenbinden. Erst beim dritten Versuch klappte es und ich schwang den Zopf lustig hin und her. Das Kleid, das ich dieses Jahr zur jährlichen Zoo-Weihnachtsfeier anziehen wollte, hatte ich mir schon vor ein paar Tagen rausgesucht und meine Mutter gab mir noch eine passende weiße Strumpfhose aus dem Schrank. Ich zog beides an, begutachtete mich im Spiegel und freute mich. Hinter mir stand meine Mutter nun wieder am Bügelbrett und quälte sich mit dem schwierigsten Teil, den Ärmeln. Ich drehte mich um, sah ihr dabei zu. Es war ein seltenes Bild, denn sie bügelte fast nie. Sie hatte eine richtige Abneigung gegen Bügeln. Zum Glück war mein Vater kein schnieker Bürohengst, sonst hätte sie vielleicht jede Woche seine Hemden bügeln müssen, aber bei seinen Zooklamotten war das nun wirklich nicht nötig.

„Mama, wo sind meine Lackschuhe?“, fragte ich. Sie schaute mich kopfschüttelnd an. „Es ist Winter draußen“, sagte sie. „Du kannst auf keinen Fall in Lackschuhen gehen. Aber du kannst doch deine schönen gefütterten Winterstiefel anziehen“, fügte sie hinzu und widmete sich wieder den immer noch knittrigen Ärmeln der Bluse. „Die passen doch auch gut zu deinem Kleid.“

Das dumpfe Schnauben des Bügeleisens spiegelte die Wut, die nun langsam in mir aufstieg. Ich zog die Augenbrauen zusammen und mein Blick verfinsterte sich. Gefüttert war für mich einfach nur ein Synonym für hässlich. Wenn wir bei unseren seltenen Shoppingtouren gefütterte Stiefel für nasskalte Regentage im Herbst oder gefütterte Hosen für den Winter suchten, bekam ich in den Geschäften regelmäßig Ausraster. Mein kleines Kinderherz schlug doch für Sommerkleidchen und Lackschuhe. Ich verschränkte die

Arme vor der Brust und schrie: „Neeeeein!“ Dann ließ ich mich fallen und hockte trotzig vor dem Spiegel im Flur. „Dann komm ich nicht mit“, fügte ich noch hinzu und vergrub mein Gesicht in den Händen, für den Fall, dass aus meiner Wut plötzlich wehleidiges Heulen werden sollte.

Meine Mutter schaute mich prüfend an und versuchte, mich zu besänftigen: „Tinakind, du kannst nicht in Lackschuhen gehen. Es ist zu kalt. Da holst du dir den Tod!“

Der Preis schien mir angemessen.

„Mir doch egal!“, bockte ich weiter.

Meine Mutter schüttelte den Kopf, presste das Bügeleisen fest auf den zerknitterten Ärmel und sagte: „Ja dann komm halt nicht mit.“

Ich drehte mich von ihr weg und saß nun direkt vor der Tür, als ein Schlüssel ins Schloss gesteckt wurde. Im letzten Moment rettete ich mich robbend auf die Türschwelle von unserem Kinderzimmer. Die Wohnungstür ging auf und mein Vater kam herein. Wie viele andere Tierpfleger musste auch er um die Feiertage herum arbeiten, denn die Tiere kümmerten sich wenig um christliche Ferien. Sie wollten auch an Weihnachten, Ostern oder Christi Himmelfahrt pünktlich ihr Fressen.

Er legte seinen Schlüssel auf das kleine Telefontischchen und sah mich auf dem Boden kauern.

„Hey, was machst du denn hier unten?“, fragte er und beugt sich zu mir runter. Ich drückte ihn und er nahm mich auf den Arm.

„Mama hat gesagt, ich darf meine Lackschuhe nicht anziehen“, jammerte ich und erhoffte mir Zuspruch. Doch weit gefehlt. „Schau mal, wie kalt es draußen ist“, sagte er stattdessen, nahm seine Hand und drückte sie mir an die Wange. Sie war eisig, roch nach Elefantenstall und war von der Kälte ganz rot. Ich schob sie beiseite und er machte mir einen Vorschlag. „Nimm die Schuhe doch einfach mit“, sagte er. „Dann kannst du sie anziehen, wenn wir im Haus sind? Wie wäre das?“ Er setzte mich wieder ab und wuschelte mir über den Kopf. „Hey, meine Haare!“, rief ich zickig und rückte den Zopf wieder grade. Mit dem Vorschlag konnte ich mich geradeso zufriedengeben. Währenddessen zwängte sich mein Vater an meiner Mutter und dem Bügelbrett vorbei, gab ihr einen Kuss und sagte: „Na dann wollen wir mal. Sonst verpassen wir nachher noch den Weihnachtsmann.“

Immer noch ein bisschen bockig stopfte ich meine schönen weißen Lackschuhe in meinen Rucksack und zog die blöden gefütterten Winterstiefel an. „Es ist doch nur ein kurzer Weg, sie hätten mir das ruhig erlauben können“, dachte ich im Stillen. Dann fehlte nur noch meine Schwester. „Lisa, komm bitte, wir müssen los!“, rief meine Mutter ungeduldig. Ich schaute um die Ecke und sah Lisa im Wohnzimmer am Tisch sitzen. Um sie herum lagen Stifte in allen Farben und Größen und mittendrin saß sie und malte in aller Seelenruhe an einem Bild mit einem Schäferhund.

„Ich muss nur noch schnell das Bild fertig malen“, flüsterte sie und war vollkommen in ihr Kunstwerk vertieft. „Aber wir verpassen sonst den Weihnachtsmann!“, sagte ich, hob die Kappe eines Filzstifts auf, die unter ihrem Stuhl gelandet war, und gab sie ihr. Sie nahm die Kappe, presste sie auf den Stift und rutschte gedankenversunken von ihrem Stuhl.

Als dann endlich alle fertig waren, stapften wir schnellen Schrittes aus dem Haus rüber zur Zooschule. Schon seit Tagen war es eisig kalt und der Schnee war ausnahmsweise liegen geblieben, so dass der ganze Wald hell leuchtete. Von weitem hörten wir die Glocken der Johanniskirche und durch die kahlen Zweige der Bäume funkelte eine große Lichterkette, die quer über dem Wirtschaftshof hing. Ein wohliges Gefühl überkam mich und pustete den Ärger beiseite. Jetzt war es endlich Weihnachten.

Vor der Zooschule standen schon einige Kollegen meines Vaters. Wir begrüßten alle und gingen durch die geöffnete Tür hinein. Obwohl die Zooschule wirklich nicht besonders gemütlich war, wurden dort Feiern aller Art abgehalten: runde Geburtstage, Lisas und meine Einschulung oder eben Weihnachten. Sogar ihren Polterabend haben meine Eltern in dem vor Ostcharme protzenden Gebäude zelebriert. Neben zwei großen Veranstaltungssälen gab es mehrere Räume, die als Lager dienten. Viele Schulklassen kamen damals allerdings nicht mehr und so sah die Zooschule etwas verlassen und verwildert aus. Über den alten Linoleum-Fußboden kreuchten und fleuchten alle möglichen kleinen Tierchen und wenn wir barfuß im Sommer durch die Räume liefen, musste wir aufpassen, nicht auf wandernde Kellerasseln oder eine Familie Ohrenkneifer zu treten. Aber heute hatte ich ja meine gefütterten Stiefel an. Ein Glück!

Als wir reingingen, kroch uns der allbekannte muffige Geruch entgegen, eine Mischung aus Desinfektionsmittel,

Formaldehyd und frisch aufgebrühtem Filterkaffee. In den alten Regalen und den vergilbten Schränken standen präparierte und in Konservierungsmittel eingelegte Tiere. Es war ein „Körperwelten“ der ganz eigenen Art. Der vordere Veranstaltungsraum hatte ein großes Fenster mit vergilbten, staubigen Gardinen, die wohl schon seit DDR-Zeiten dort hingen und leise vor sich hin patrouillierten. Da die Scheibe an der Häuserfront war, die an unseren Garten grenzte, ging sie beim Fußballspielen mehr als einmal mit einem lauten klirrenden Geräusch zu Bruch, bis sie schließlich eingezäunt wurde wie die Tiere im Zoo. An diesem Tag war sie ausnahmsweise mit einer bunten Lichterkette geschmückt, was den Veranstaltungssaal fast gemütlich werden ließ.

Ich schaute durch den großen Raum, der fast komplett mit Stühlen vollgestellt war. In der ersten Reihe entdeckte ich Michi. Lisa und ich winkten ihm zu, gingen nach vorne und setzten uns zu ihm. Als ich in einer anderen Ecke des Raumes Hanne mit Karli auf der Schulter entdeckte und ihnen winken wollte, wurde das Licht gedimmt und jemand klopfte ans Mikrophon – der Zoodirektor. Er war ein groß gewachsener Mann mit einem dichten dunklen Bart, den er sich während seiner folgenden Rede immer wieder glatt strich. Von der bekam ich nicht viel mit, denn am Rand der Bühne stand ein Weihnachtsbaum unter dem bereits eine ganze Menge Geschenke lag. Ich schaute mir jedes ganz genau an und malte mir aus, welches wohl für mich sei. Zugegebenermaßen war der Baum doch recht spärlich geschmückt. Jemand hatte lieblos ein paar Kugeln verteilt und auf Lametta wurde komplett verzichtet. Das war allerdings bei uns zuhause auch so, denn nur so konnten die Bäume später an die Tiere verfüttert werden. Unser Baum ging natürlich an die Elefanten.

Nach dem Zoodirektor sprach irgendeine Frau. Und dann noch jemand. Die Reden zogen sich eine gefühlte Ewigkeit hin, ich knickte ein, fiel ein bisschen vorneüber und stützte meinen Kopf auf die Hände. Dabei fiel mein Blick auf meine Schuhspitzen. Verdammt! Ich hatte vergessen meine Lackschuhe anzuziehen. Mist, dachte ich, dabei hatte ich sie doch extra eingepackt. Hastig drehte ich mich zu meinem Rucksack um, den ich blöderweise an der ganz anderen Ecke des Raumes abgestellt hatte, als plötzlich die Tür aufging und *er* dastand: Der Weihnachtsmann!

Ich stieß Michi mit dem Ellenbogen an und flüsterte: „Michi, guck mal da!"

Der rauschbärtige alte Mann war gerade dabei, sich den Schnee von seinen dicken Winterstiefeln abzuklopfen. Ich war wie erstarrt und konnte nicht fassen, dass er wirklich und wahrhaftig zu uns in den Zoo gekommen war. Nun sah ich außerdem, dass er etwas an der Leine hatte. Erst konnte ich nicht erkennen, was es war, doch dann sah ich es deutlich: ein kleines Pony!

Das verwirrte mich. Wieso hatte der Weihnachtsmann ein Pony an der Leine? War er darauf etwa hergeritten? Das Tier schien mir aber viel zu klein dafür zu sein. Aber da es im Zoo irgendwie zum guten Ton zu gehören schien, immer irgendein Tier dabeizuhaben, was meist gar nicht so richtig in die Szenerie passte, wunderte ich mich nicht weiter. Der Weihnachtsmann stand noch kurz im Türrahmen und wartete auf das Ende der Rede und seine Ankündigung. Aus der linken Ecke wurde er argwöhnisch von Karli, dem kleinen Äffchen, beäugt, das immer noch auf der Schulter seiner Ziehmutter herumturnte. Nach einem kräftigen Applaus sah ich, wie der Zoodirektor dem Weihnachtsmann ein Zeichen gab. Dieser stapfte mit seinen dicken, schweren Winterstiefeln und dem Pony an der Leine nach vorne und bestieg langsam und gemächlich die kleine Bühne. Ein Raunen ging durch die Menge, als er begann, seine Ho-Ho-Ho-Performance durchzuziehen.

Ich musterte ihn argwöhnisch, denn sein ganzes Auftreten wirkte auffällig einstudiert. Ich glaubte auch nicht mehr wirklich an den Weihnachtsmann. Wie auch, ich wuchs ja in einer christlichen Familie auf und wusste, dass es an Weihnachten eigentlich um Jesus ging. Mindestens dreimal hatte ich die Weihnachtsgeschichte, die in der Kirche aufgeführt wurde, mit angesehen und kein einziges Mal kam Santa darin vor. Ich checkte also schon, dass hier an zwei Wahrheiten parallel gearbeitet wurde. Doch einem geschenkten Gaul guckt man nicht in das Maul und dementsprechend war es mir relativ egal, von wem oder aus welchem Grund die Geschenke kamen. Hauptsache sie kamen.

Während er redete, schaute der Weihnachtsmann immer wieder zu uns Kindern in der ersten Reihe. Als er zusätzlich zu den Geschenken, die schon unter der Weihnachtstanne lagen, auch noch einen großen braune Sack hinter dem Baum hervorholte, wusste ich: Jetzt wird es ernst. Michi wurde als Erster auf die Bühne zitiert und sagte brav sein Gedicht auf. Ich war mittlerweile schon so aufgeregt, dass ich gar nicht mehr zuhören konnte. Als Michi fertig war, überreichte der Weihnachtsmann ihm ein kleines braunes Päckchen und klopfte ihm freundschaftlich auf die Schulter. Mit einem stolzen Grinsen ging Michi die zwei Stufen von der Bühne runter und setzte sich wieder zu uns. Als Nächstes war Lisa an der Reihe. Sichtlich nervös sprang sie von ihrem Stuhl auf und eilte nach vorne. Während sie ihr in der Schule gelerntes Gedicht aufsagte, verhaspelte sie sich gleich am Anfang zweimal und ihre Augen suchten verzweifelt in der Ferne nach den fehlenden Satzstücken. Zum Glück fing sie sich wieder und das Publikum belohnte ihren Ehrgeiz mit einem besonders lauten und energischen Klatschen. Auch sie bekam ein kleines Paket vom Weihnachtsmann überreicht und dann war ich endlich an der Reihe und musste auf die Bühne. Dort angekommen knibbelte ich nervös an meinem Kleid rum, rollte die Ende hoch und runter und knetete sie mit meinen schwitzigen Fingern. Meine Stimme zitterte, während ich die einstudierten Fragen des Weihnachtsmannes brav beantwortete. Als er mich dann aufforderte, mein Gedicht aufzusagen, fixierte ich vor lauter Aufregung irgendein Plakat, das ganz hinten an der Wand hing. Ich hatte mein Gedicht zuhause immer und immer wieder geübt, aber hier vor Publikum zu stehen war eben doch noch mal was anderes. Kurz bevor ich es endlich geschafft hatte, spürte ich etwas feucht Schnaubendes an meiner rechten Hand. Ich erschrak, stockte und zog die Hand zur Seite. Es war das Pony vom Weihnachtsmann, das mich nun neugierig von der Seite anschaute.

Ich verschränkte die Hände hinter dem Rücken und fing den letzten Absatz noch einmal an. Als ich fertig war, atmete ich erleichtert auf und blinzelte dem Weihnachtsmann herausfordernd entgegen. Er gab mir den Strick von dem Pony in die Hand und sagte: „Das hast du toll gemacht. Und wie viele andere Kinder hast du dir bestimmt auch schon mal einen vierbeinigen Freund gewünscht, oder?"

Das Pony und ich schauten uns überrascht an. Für einen kurzen Moment glaubte ich wirklich, dass ich grade ein Pferd geschenkt bekommen hatte, doch aus dem Augenwinkel beobachtete ich, wie Santa rüber zum Weihnachtsbaum ging, sich mühsam bückte und dann mit einem kleinen braunen Paket in der Hand wieder aufrichtete. Er kam zu mir zurück und nahm mir die Zügel wieder aus der Hand.

„Ach nee, das Pony brauch ich ja noch, um wieder nach Hause zu kommen", sagte er. „Aber das hier, das ist für dich." Das Publikum lachte. Der bärtige Komiker überreichte mir das kleine Geschenk, streichelte mir noch einmal über den Kopf und schickte mich dann zurück auf meinen Platz.

Das Paket war ziemlich klein, aber ich wusste, dass das nix zu bedeuten hatte. Noch während die anderen Kinder ihre mühsam auswendig gelernten Gedichte und Lieder zum Besten gaben, riss ich die Verpackung auf. Es war eine Kassette von Pumuckl.

Eigentlich eine ziemliche Enttäuschung, nachdem ich kurz gedacht hatte, dass ich ein Pony bekam, aber ich freute mich trotzdem, denn Lisa und ich waren große Fans. Die Serie lief immer im Nachmittagsprogramm, das wir bei unseren Großeltern gucken durften, und so schauten Lisa und ich dem kleinen Kerl regelmäßig bei seinen Streichen zu. Ich mochte, dass der kleine Kobold dem alten Schreiner seinen Alltag durcheinanderbrachte. Aber eigentlich mochte ich die Serie hauptsächlich, weil Meister Eder in seinem grauen Kittel und seiner Tischlerwerkstatt mich an meinen Opa erinnerte. Denn der hatte sich im Keller der Kirche auch eine kleine Werkstatt eingerichtet, trug einen ähnlich grauen Kittel beim Arbeiten und ich liebte es, ihm in seinem kleinen, staubigen und mit Sägespänen übersäten Heimwerkerparadies beim Herumwerkeln zuzusehen.

Ich stupste Lisa an, um ihr die Kassette zu zeigen. Sie nahm das Tape kurz in die Hand und signalisierte mir gleichzeitig, dass ich ruhig sein sollte, denn noch war die Santa-Show in vollem Gange.

Nachdem er dann unter lautem Klatschen mit dem Pony an der Leine abzog, wurde das Buffet eröffnet. Neben Kaffee und Kuchen gab es Spanferkel und Bier. Lisa, Michi und ich schlichen noch ein bisschen durch die rätselhaften Räume der Zooschule und stopften uns mit Chips und Pommbären voll. Als wir gerade dabei waren herauszufinden, wie hoch der Flummi, den Michi plötzlich aus der Hosentasche gezaubert hatte, durch den Saal springen konnte, kam unsere Mutter und schickte uns nach Hause. Alle Versuche, sie umzustimmen, scheiterten. „Kinder jetzt ist Feierabend!“, sagte sie. „Es ist schon spät und morgen ist auch noch ein aufregender Tag. Geht bitte schon mal hoch und macht euch bettfertig. Ich komm dann gleich zum Gutenachtsagen.“

Es ärgerte uns, dass Michi noch länger bleiben durfte, aber es war leider nicht zu ändern. Wir verabschiedeten uns, gingen nach oben, zogen unsere Schlafanzüge an und putzten Zähne. Noch mit der Zahnbürste im Mund fragte ich: „Hey Lisa, wollen wir zum Einschlafen die neue Kassette hören?"

„Ja, können wir machen", rief sie mir aus dem Kinderzimmer zu. Ich spülte meinen Mund aus, wusch mir im Schnelldurchlauf das Gesicht und schon stand ich mit der Kassette in der Hand vor unserem kleinen bunten Kinderkassettenrekorder. Behutsam steckte ich sie rein und drückte auf Play. Erst passierte gar nichts und nur das Rattern des Kassettenspielers war zu hören. Dann rauschte es kurz und ein gewaltiges Streichorchester setzte ein. Ich wunderte mich, stieg aber in mein Bett und kuschelte mich ein.

Ein paar Takte später fing eine Frauenstimme in den höchsten Tönen an zu singen. Oder war es schreien? Es war furchtbar grell und auch wenn Pumuckl zu Streichen aller Art neigte, dass hier klang ganz und gar nicht nach ihm. Lisa und ich lagen da und hörten geduldig zu. Wahrscheinlich ist es nur ein langer Vorspann, dachte ich, aber irgendwie sang diese Frau einfach immer weiter. Dann hörten wir, wie die Wohnungstür aufging. An den Geräuschen erkannte ich, dass es unsere Mutter war, denn sie ließ immer den Schlüssel im Schloss strecken. Sie zog sich die Schuhe aus und kam in unser Zimmer. Es muss ein lustiges Bild gewesen sein, wie Lisa und ich gestapelt in unserem Doppelstockbett lagen und regungslos dem Ave Maria lauschten, denn wie sich rausstellte waren auf der Kassette tatsächlich nur Arien. Unsere Mutter lachte und fragte: „Was hört ihr euch denn da?“ Ich lag nur stumm im Bett und wusste gar nicht, was ich antworten sollte, denn ich hatte keinen blassen Schimmer, was das für Musik war. Dann wurde das energische Trällern der Sängerin von dem mindestens genauso schrillen Klingeln des Telefons unterbrochen. Schon wieder wollte jemand bei uns Gänse kaufen, dabei hatten wir nun wirklich nichts mit so einem weihnachtlichen Tierhandel zu tun.

Und so vergingen die Feiertage bei uns im Zoo. Die Elefanten bekamen ein paar Tage nach dem Fest unseren Baum und zerlegten ihn mit großer Freude in mundgerechte Stücke. Etliche Anrufe und ein paar Tage später fanden wir heraus, dass unsere Telefonnummer fälschlicherweise bei einer Annonce für Weihnachtsgänse in der Zeitung stand.

Nur das mit der Kassette blieb ein Rätsel. Es wurmte mich so sehr, dass ich sie immer und immer wieder in unseren kleinen Kassettenrekorder schob, der festen Überzeugung, dass Pumuckl da doch irgendwo drauf sein musste. Irgendwann gab ich es dann aber doch auf und Santa war für immer bei mir unten durch.

URLAUB DA, WO'S NIX KOSTET

Mein Vater hatte ein unstillbares Interesse daran zu gucken, wie andere zoologische Einrichtungen funktionierten. Bis die Mauer im Herbst 1989 fiel, kannte er allerdings nur Zoos in Ostdeutschland und erfuhr allein durch Erzählungen von Freunden und Kollegen, wie die westdeutschen Zoos sich entwickelten. Als die Grenzen dann geöffnet wurden, fuhren meine Eltern sofort nach Berlin. Statt sich aber mit dem Begrüßungsgeld endlich langersehnte Westgegenstände zu kaufen oder lang vermisste Verwandte zu besuchen, besorgten sie sich eine U-Bahnfahrkarte und fuhren in den Zoologischen Garten im Westen der Stadt.

Ich finde es wirklich eine verrückte Vorstellung: Endlich war die verhasste Mauer weg, sie konnten fahren, wohin sie wollten, und waren einfach frei. Und was machten sie als Erstes? Sie gingen in den Zoo und schauten sich Tiere hinter Gittern an.

Auf Grund der Zoo-Obsession meines Vaters kannte ich, bis ich ungefähr vierzehn Jahre alt war, auch keinen Poolurlaub, keine Pauschalreisen oder Hotels und all-inclusiv nur von der Komplettversorgung bei meinen Großeltern in der Kirche. Denn während andere nach Griechenland in den Tauchurlaub flogen oder sich entspannt in Ägypten in der Sonne räkelten, machten wir – wie sollte es auch anders sein – meistens Urlaub in anderen Zoos.

So wie echte Surfer über einen Inlandsurlaub ohne Strandzugang nur verächtlich die Nase rümpfen, kam für meinen Vater kein Ferienort in Frage, an dem nicht mindestens ein Elefant zu finden war. So konnte er sich zum einen mit Kollegen auszutauschen und seinen Wissensdurst stillen. Zum anderen war Urlaub natürlich auch immer eine Kostenfrage, denn viel Geld hatten wir nie und ganz nach dem Motto „zwei Fliegen mit einer Klappe schlagen" machte mein Vater aus seinen kleinen Dienstreisen einfach einen Familienurlaub. Standen die großen Sommerferien ins Haus, ließ mein Vater seine Kontakte spielen und fragte bei befreundeten Tierpflegern in anderen Zoos an, ob es dort eine günstige Unterkunft gab. Einige Zoos hatten Gästewohnungen auf dem Gelände.

Tierpfleger waren zu der damaligen Zeit gut vernetzt und pflegten ihre Kontakte auf jährlichen Treffen oder mit Hilfe von Austauschprogrammen. So kam mein Vater auch dazu, für drei Wochen in einem schwedischen Zoo zu arbeiten. Wir durften leider nicht mit, denn ich war gerade erst in die Schule gekommen. Doch er schrieb uns mehrere Postkarten und brachte uns tolle Souvenirs aus dem Zooshop mit. Er war begeistert, mochte die schwedische Mentalität, und da er alles liebte, was irgendwie crunchy war, wurde er zu einem großen Knäckebrotfan. Ständig schwärmte er von nun an von dem schwedischen Zoo und als nach meinem ersten Schuljahr die großen Sommerferien anstanden, verkündete er: „Packt eure Sachen, wir fahren nach Schweden!"

Meine Schwester freute sich, denn auch in ihr schlummerte damals schon ein großer Zoofan. Meine Mutter freute sich ebenfalls, denn sie mochte Schweden und diese Art des unkomplizierten und kostengünstigen Reisens.

Ich hingegen war mäßig begeistert. Unser ganzes Leben spielte sich im Zoo ab. Wir wohnten da, feierten alle Feste da, ich hatte dort Fahrradfahren gelernt und meine ersten Leseversuche absolviert.

Ich rollte mit den Augen und maulte: „Können wir nicht auch mal irgendwas anderes machen außer Zoo?"

„Was denn?", antwortete mein Vater. „Dann schlag halt was vor." Ich überlegte, aber so richtig fiel mir nichts ein. Die einzige Zoo-Alternative, die ich kannte, war die jährliche Kindersingwoche, die vom Kirchenchor, in dem Lisa und ich sangen, veranstaltet wurde. Und auch darauf hatte ich keine Lust mehr. Die Reisen führten uns quer durch Mecklenburg in andere Kirchen und Gemeindehäuser. Wir verbrachten also nicht nur unseren Alltag hauptsächlich in Kirche und Zoo, sondern auch in den Sommerferien waren das die „Places to be". Schon mit meinen zarten sechs, fast sieben Jahren fand ich, es durfte ruhig mal etwas anderes sein.

Lisa nutzte mein Schweigen und verkündete freudig: „Aber ich will gerne nach Schweden, die haben kleine Babyaffen." Das wusste sie von einer der Karten, die unser Vater uns geschickt hatte.

„Ja und ein Delphinarium!", versuchte meine Mutter mich umzustimmen. Mit ernster Miene schaute ich zwischen beiden hin und her. Was sollte das werden? Die Werbeveranstaltung für einen schwedischen Tierpark? Ich senkte den Kopf und erkannte, wie hoffnungslos mein Versuch war, sie umzustimmen.

Meine Mutter sah meine Enttäuschung, stupste mich von der Seite an und sagte: „Wir schauen nachher mal im Reiseführer, was es in der Gegend außer dem Zoo so gibt, o.k.?“

Auf den Deal konnte ich mich einlassen und tatsächlich stolperten wir über ein Kapitel, in dem es um eine öffentliche Ausgrabungsstätte ging, in der angeblich zahlreiche versteinerte Schätze zu finden seien. Ich interessierte mich zu der Zeit sehr für Fossilien und alles, was irgendwie versteinert war, und sah mich schon den Fund des Jahrhunderts machen. Nun freute auch ich mich auf Schweden.

Kurz nach Beginn der Sommerferien, an einem schönen Sommertag 1995, packten wir unsere sieben Sachen und machten uns auf Richtung Skandinavien. Es war noch dunkel draußen und auf dem Weg zum Überseehafen begegneten uns kaum andere Autos auf den Straßen, geschweige denn andere Menschen. Erst als wir das Hafengelände erreichten, hetzten vereinzelt Leute in orangen Warnwesten an uns vorbei. Sie hatten knisternde Funkgeräte in der Hand und liefen hektisch zwischen dem Terminalgebäude und den großen Frachtschiffen hin und her. Ich mochte die Atmosphäre am Hafen. Die besondere Aufbruchsstimmung schwappte über uns wie das Hafenwasser über die Kaikante und ich schmeckte die Abenteuerlust salzig auf meiner Zunge. Die ersten Möwen waren schon wach und schrien unermüdlich gegen den Wind an.

Wir parkten das Auto und gingen zum Check-in. Der Schalter unserer Fährlinie war noch geschlossen und so setzten wir uns in den großen Aufenthaltsraum und warteten. Neben uns saßen noch zwei andere Familien, die genauso müde aus der Wäsche guckten wie wir. Immer wenn die Tür aufging, schauten alle erwartungsvoll, doch meist war es wieder nur ein dickbäuchiger Trucker, der sich träge Richtung Kaffeeautomat schob. Nach einer gefühlten Ewigkeit hörten wir plötzlich Geräusche, die eindeutig aus Richtung des Check-in-Tresens zu kommen schienen. Und Tatsache! Unter lautem Quietschen wurde das klapprige Rolltor hochgezogen und eine kleine dickliche Frau, die anscheinend versucht hatte ihre Müdigkeit wegzuschminken, lächelte uns milde an. Da die zwei anderen Familien vor uns da gewesen waren, stellten wir uns brav hinten an und warteten, bis wir endlich an der Reihe waren. Unsere Eltern checkten ein und bekamen letzte Anweisungen, wie sie mit dem Auto auf die Fähre fahren sollten. Nachdem alles geregelt war, reichte uns die nette Schalter-Frau noch zwei Packungen Werbe-Buntstifte und zwei passende Malbücher mit maritimen Motiven. Dann stiegen wir wieder in unser Auto und reihten uns in die Schlange vor der Schwedenfähre ein.

Gekonnt rangierte mein Vater auf dem Autodeck so lange, bis der Anweiser zufrieden beide Daumen in die Luft hob und meinem Vater zuzwinkerte. Dann griffen wir unser Handgepäck und den großen Beutel mit den Lunchpaketen und stiegen aus dem Auto.

Auf dem Autodeck war es unheimlich laut, überall war Gewusel und der alles übertünchende Schiffsdiesel hing so schwer in der Luft, dass mir fast ein bisschen schwindelig wurde. Wir folgten den grünen Pfeilen, die uns zum Besucherdeck führten und suchten uns eine freie Sitzecke. Als die Fähre ablegte, gingen wir aufs Oberdeck und beobachteten, wie Rostock immer kleiner, die See um uns herum immer größer und das Wasser immer dunkler wurde. Der Wind zerzauste unsere Haare und wehte alle Gedanken an den Alltag aufs offene Meer hinaus. Am Horizont ging rot die Sonne auf und die Fähre stampfte zusammen mit unserer Abenteuerlust gemächlich Richtung Norden. Dann machten wir einen kleinen Rundgang und erkundeten das Schiff. Ich blieb vor einem kleinen Raum stehen, der anscheinend ein Kinosaal war. Wow, ein schwimmendes Kino! So etwas hatte ich noch nie gesehen. Ich setzte mich in einen der bequemen roten Sessel und wollte am liebsten gleich da bleiben, aber die nächste Vorstellung sollte erst in zwei Stunden losgehen. Also spazierten wir weiter, machten einen Abstecher in den Duty-free-shop und kauften eine Familienpackung Lakritze, denn so gerne wie unser Vater Knäckebrot mochte, so gerne naschte unsere Mutter diese schwarze klebrige Süßigkeit.

Dann gingen wir zurück zu unserer Sitzecke und aßen unsere mitgebrachten Brote. Ich setzte mich an die große Fensterscheibe und beobachtete die Wellen, die an der Unterseite des riesigen Schiffs zerbrachen. Irgendwie waren sie alle gleich und trotzdem war auch jede Welle anders. Kurz war ich hypnotisiert von den gleichförmigen Bewegungen der Wellenkämme, doch dann holte meine Schwester mich aus meinem Tagtraum. „Hey Tina, Kino geht gleich los. Wollen wir uns schon mal reinsetzen?“ Ich packte sofort alles zusammen und wir schlenderten schwankend Richtung Kinosaal. Unser Vater entdeckte einen Programmzettel und fand heraus, dass „Waterworld“ mit Kevin Costner laufen würde. Als es endlich losging, mussten wir feststellen, dass der Film leider auf Englisch war – was weder ich noch meine Schwester schon beherrschten.

Aber mich störte das nicht: Mein Vater flüsterte uns manchmal zu, was grade gesagt wurde, und ansonsten ließ ich mich voll und ganz von der Flut der Bilder mitreißen, die eine Welt zeigten, in der alles überschwemmt war. Ich war schwer beeindruckt und obwohl ich Fährefahren und vor allem auch das Boardkino super fand, freute ich mich, dass wir bald wieder festen Boden unter den Füßen beziehungsweise unter den Rädern unseres Autos haben würden.

Als wir am Nachmittag in Schweden ankamen, schien die Sonne. Wir fuhren weitere sechs Stunden mit dem Auto und erreichten am späten Abend endlich unser Ziel. Ein schwedischer Kollege meines Vaters führte uns zu unserem kleinen Gästehaus. Genau wie unsere Wohnung lag das kleine Häuschen direkt im Zoo. Viel konnten wir allerdings nicht mehr sehen, denn es war schon dunkel und die Tiere waren bereits alle in ihren Häusern. Aber Lisa und ich waren ohnehin so müde, dass wir nur noch ins Bett wanderten und zum Klang der vertrauten Zoogeräusche direkt einschliefen.

Am nächsten Morgen wachte ich von leisem Rumpeln auf. Ich richtete mich im Bett auf und versuchte, so leise wie möglich zu atmen, so dass ich nach dem unbekannten Geräusch lauschen konnte. Was konnte das sein? Ich schaute zu Lisa rüber, die im Bett neben mir lag und noch tief und fest schlief. Ich beschloss, mich allein auf Expedition zu begeben.

Auf dem Weg zur Tür traf ich meinen Vater, der in der kleinen Küche gerade Wasser für Kaffee aufgesetzt hatte. „Hey Tina, wo willst du denn so früh schon hin?“, fragte er.

Ich ging zu ihm hin und signalisierte ihm, dass er sich zu mir herunterbeugen sollte. Er stellte die Dose mit dem Kaffee beiseite und bückte sich auf meine Höhe herunter. Dann flüsterte ich ihm hinter vorgehaltener Hand zu: „Ich hab da was gehört und wollte mal gucken gehen, was das ist.“ Ich nahm die Hand wieder runter und schaute ihn mit erwartungsvollem Blick an. Er flüsterte auffällig laut zurück: „O.k., dann lass uns doch mal draußen gucken gehen.“ Wir schlichen zur Haustür und öffneten sie. Draußen begrüßte uns schönster Sonnenschein und auf der kleinen Terrasse vor unserer Hütte hüpften schon ein paar Spatzen und badeten vergnügt im Sand. Ich wunderte mich, gestern im Dunkeln hatte alles ganz anders ausgesehen und ich brauchte einen kleinen Moment, um mich zu orientieren.

Da! Ich hörte das klopfende Geräusch schon wieder. Was war das nur? Ich schaute mich um und entdeckte das Gehege, das genau neben unserem Haus lag. Ich ging dichter heran und plötzlich lugte ein riesiger Kopf mit tischtennisballgroßen dunklen Augen um die Ecke. Ich konnte es kaum glauben, direkt vor mir stand eine riesengroße und wunderschöne Giraffe. Grazil und anmutig knabberte sie an einem Blatt. Hin und wieder versuchte sie, an einen heruntergefallenen Ast zu kommen, der auf dem Dach unserer kleinen Hütte lag. Ein paar Mal schaffte sie es fast, doch dann rutschte er immer wieder ab und fiel mit einem lauten klopfenden Geräusch zurück. Ich atmete erleichtert auf: Daher kam also der Lärm.

Mein Vater stellte sich neben mich und war ähnlich angetan wie ich. Er stupste mich an und sagte: „Na Tina, wenn das nichts ist! Das haben wir bei uns zuhause nicht, was?!"

Ich grinste und nahm seine Hand. Wir standen noch eine ganze Weile so da und beobachteten die anmutige Schönheit. Als ich irgendwann an mir heruntersah, fiel mir plötzlich auf, dass ich ja noch meinen Schlafanzug anhatte. Also lief ich ins Haus zurück, zog mir was an und mein Vater und ich bereiteten das Frühstück vor.

Wir deckten den kleinen Tisch, der vor der Hütte stand und nachdem der Rest der Familie auch aufgestanden war, frühstückten wir ausgiebig und lange im schönsten Sonnenschein. Es war herrlich warm und die Spatzen beendeten ihren staubigen Badetag vorzeitig, um sich mit den heruntergefallenen Brotkrümeln die Bäuche vollzuschlagen.

Nach dem Frühstück packten wir die übrig gebliebenen Brötchen als Proviant ein und spazierten los. Der Tierpark war riesig und beherbergte viele Tiere, die wir aus dem Rostocker Zoo nicht kannten: Nashörner, Faultiere, Tiger und Gürteltiere. Mit Hilfe eines Plans und den hölzernen Wegweisern versuchten wir, uns zu orientieren, doch immer wieder verliefen wir uns und kamen von der eigentlichen Route ab. So wie andere im Urlaub ermüdende Einkaufs- oder Sightseeing-Touren machten, latschten wir bis zur völligen Erschöpfung stundenlang durch den Zoo und glotzten Tiere in Käfigen an. Ich hatte den Zoo so richtig satt und nachdem wir etwa die Hälfte des Parks gesehen hatten, blieb ich einfach stehen, verschränkte die Arme vor der Brust und weigerte mich mit finsterer Miene, auch nur einen Schritt weiterzugehen. Jedes Auf-mich-Einreden meiner Eltern prallte an mir ab und mit lauterwerdendem Gezeter kletterte ich auf den Berg des Zorns. Zu allem Überfluss stand noch die Verabredung mit dem Elefantenpfleger-Kollegen meines Vaters an und ich wusste, dass die auch wieder einige Stunden dauern konnte. Kurz bevor ich endgültig in Rage war, zogen meine Eltern die Notbremse und besänftigten meinen heißen Zorn mit einem Wassereis. „Ausnahmsweise, aber nur weil wir im Urlaub sind“, sagte meine Mutter mit ernstem Blick und siegessicher versuchte ich, mir ein verschmitztes Grinsen zu verkneifen. Das Eis peppelte mich wieder auf und so verflüssigte sich nicht nur die gefrorene Süßspeise, sondern auch mein Zorn. Am Zaun des Elefantenhauses wartete schon der Freund meines Vaters. Nachdem er uns alle begrüßt hatte, begann ein Fachsimpeln der ganz eigenen Art. Ich hab das nie verstanden, wie man so lange über ein und dasselbe Thema reden konnte. Irgendwann hing ich mit baumelnden Armen über dem Geländer und mein verflüssigter Zorn verwandelte sich in zähflüssige Langeweile. Doch dann hörte ich plötzlich den Satz: „If you like, I can show you around!“ Ich wusste, was das zu bedeuten hatte: Wir würden hinter die Kulissen dürfen und eine private Führung bekommen. Jetzt wurde es wieder spannend und ich vergaß meine plattgelatschten und schmerzenden Füße. Schnell lief ich zu meinem Vater, griff seine Hand und meine Augen leuchteten wie die eines Groupies, das endlich ins langersehnte Backstage durfte, um seinen Star zu treffen.

Als wir das Delphinarium betraten, mussten wir blaue Plastiktütenschoner über unsere Schuhe ziehen, damit wir keinen Dreck an den Pool trugen. In Kindergröße gab es leider keine, also stülpten wir uns die regulären über und sahen ein bisschen aus wie Schlümpfe mit riesigen Füßen. Schon nach ein paar Schritten merkte ich, wie rutschig es mit den Dingern an den Füßen war. Ich schlitterte zum Becken und hatte Mühe, mich nicht auf die Nase zu legen. Es leuchtete in einem schummerigen Licht und die Trainerin war grade dabei, mit den Delphinen etwas einzustudieren. Sie trug einen hautengen türkisfarbenen Anzug und hatte eine schmale Pfeife um den Hals. Als sie uns erblickte, begrüßte sie uns freundlich und pfiff zwei besonders zutrauliche Delphine heran. Die beiden glitten beinahe lautlos auf den Beckenrand und wurden sofort mit einem Fisch belohnt. Lisa und ich hockten uns neben den Eimer und nachdem auch wir ein paar Fische verfüttert hatten, streckten wir zögerlich unsere Hände aus, um die Tiere zu streicheln. Ihre Haut war glipschig und warm. Dann holte die Trainerin weit aus und warf ein paar Fische fast bis zur anderen Seite des Beckens. Die Delphine verabschiedeten sich mit einem lauten Platscher und schossen grazil den Fischen hinterher.

Ich hatte ein paar Wassertropfen abbekommen und wischte sie mir mit dem Ärmel aus dem Gesicht. Es war zwar nicht das erste Mal, dass ich Delphine streicheln durfte, aber das erste Mal seit ich Free Willy gesehen hatte. Die Delphine waren eingesperrt, so wie er auch. Und obwohl sie sehr glücklich und gesund aussahen, fragte ich mich, ob sie wohl nicht lieber in Freiheit leben wollten.

Als wir das Delphinarium verließen, war es immer noch hell draußen, doch ich merkte, wie mir bereits auf dem Weg zurück zu unserer Hütte die Augen zufielen, so müde war ich. Nach einem deftigen Abendbrot waren wir alle so kaputt, dass wir nur noch müde ins Bett fielen.

Am nächsten Tag ging es direkt weiter mit den Real-Life-Zoo-Experiences der Extraklasse. Das nächste Highlight stand bevor: die lang angekündigte Begegnung mit den Babyaffen. Sie hatten kleine Windeln an und spielten in einer Art Affenkinderzimmer, in dem Lisa und ich uns zu ihnen gesellen durften. Aufgeregt zogen wir unsere Schuhe aus und traten ein. Erst waren die Jungtiere noch ein bisschen scheu, tauten dann aber bald auf und tobten mit uns, als wären wir alle Spielkameraden einer Kindergartengruppe. Eins der kleinen Äffchen klaute mir in einem unbeobachteten Moment meine Einwegkamera und wollte sie einfach nicht mehr herausrücken. Erst als wir ihm als Ersatz ein Stück Brötchen gaben, ließ es von der Kamera ab und stürzte sich auf die Extraportion Fressen. Lisa und ich waren schwer beeindruckt und verbrachten noch den ganzen Nachmittag bei den haarigen Affenkindern.

Nach zwei weiteren Tagen im Tierpark fuhren wir dann endlich Richtung Norden, zur Ausgrabungsstätte, von der wir im Reiseführer gelesen hatten.

„Wieso willst du da eigentlich so unbedingt hin?“, fragte mein Vater und schaute mich über den Rückspiegel fragend an. Ich überlegte kurz und antworte dann: „Na weil man da alles selber anfassen darf. Im Museum ist das ja immer verboten.“

„Ja, das leuchtet mir ein“, sagte er und konzentrierte sich wieder auf die Straße. Schon im Auto war es unglaublich heiß und der Schweiß tropfte an unseren Gesichtern herunter. Draußen dann brannte die schwedische Sonne noch erbarmungsloser. Wir setzten uns Sonnenhüte auf und unsere Mutter befahl allen noch einen großen Schluck zu trinken, bevor wir uns auf den Weg machten, immer den Schildern nach. Dann standen wir endlich am Rand eines fußballplatzgroßen Steinbruchs, an dessen Fuße bereits mehrere Leute in gebückter Haltung nach Fossilien und archäologischen Funden gruben. Ich hatte mich mit meinem kleinen Kindertaschenmesser ausgestattet und wollte sofort loslegen. Aufgeregt rannte ich den Weg nach unten, um in einer abgelegenen Ecke mit meinen „Ausgrabungen“ zu beginnen. Hier war ich endlich in meinem Element. An ein paar Stellen musste man ein bisschen klettern und ich versuchte, mich so zu bewegen, wie ich es mir bei den kleinen Äffchen abgeguckt hatte.

Entdeckte ich eine interessante Stelle, klopfte ich mit meinem Taschenmesser in die Erde und obwohl ich ziemlich unbeholfen war, fand ich tatsächlich ein paar versteinerte

Schätze. Ich freute mich wie eine Schneekönigin und verstaute sie sicher in der Hosentasche meiner abgeschnittenen Jeans.

Als ich gerade am Rand der Ausgrabungsstätte zugange war, hörte ich plötzlich die freudigen Rufe meiner Schwester. Ich hob den Kopf und schaute zu ihr herüber. Lisa hockte unten im Tal und schien etwas Besonderes entdeckt zu haben. Ich wollte so schnell wie möglich zu ihr sprinten, verlor das Gleichgewicht und rutschte ein ganzes Stück auf meinem nackten Oberkörper den steinernen Abhang herunter. Heulend und böse zerkratzt lief ich statt zu Lisa zu meiner Mutter und ließ mich trösten.

Lisa und mein Vater kamen auch dazu und meine Schwester schenkte mir ihren gefunden Donnerkeil.

„Hey Tina, wie cool ist das denn“, versuchte mein Vater mich aufzumuntern. „Schürfwunden von einer Ausgrabungsstätte haben nicht viele Leute. Vielleicht bleiben ja sogar ein paar kleine Narben.“

Meine Stimmung hellte sich sofort wieder auf. Abends im Bett brannten die fiesen Schürfwunden zwar auf meiner Brust, doch als ich meine Beute – eine versteinerte Schnecke und drei Donnerkeile – noch mal in Ruhe betrachtete, war aller Schmerz vergessen. Ich schloss meine Hand zu einer Faust und es fühlte sich wirklich so an, als hätte ich unheimlich wertvolle Sachen gefunden, auf die ich von nun an gut aufpassen müsste. Die Narben sollte ich tatsächlich noch einige Zeit behalten, und ich trug sie mit Stolz.

Die Ausgrabung und die drei Tage im Anschluss, die wir auf einem schönen Campingplatz verbrachten, der mitten in der Natur lag, waren eine tolle Abwechslung zum Zoo. Stolz erzählte ich nach meiner Rückkehr meinen Freundinnen davon und zeigte ihnen meine gefundenen Schätze.

Und natürlich berichtete ich ebenso vom Zoo. Denn auch wenn ich ein bisschen neidisch auf ihre Flugreisen und Hotel-Urlaube war, hatte ich damals schon ein Gefühl dafür, dass unsere Reisen etwas Besonderes waren. Und es störte mich nicht mehr weiter, dass unsere Urlaubsbilder sich nicht sonderlich von den Fotos unterschieden, die unsere Eltern im Alltag von uns schossen: Lisa und ich vor einem Elefantengehege, Lisa, wie sie einen Elefanten füttert, dann wieder ich, wie mich ein Ziegenbock anrempelt, dann wir alle vor einer Herde Nashörner. Und immer wieder Elefanten. Wie sie fraßen, wie sie badeten, wie mein Vater mit ihnen durch den Wald spazierte. Wie er an ihren Stoßzähnen hängt.

Heute habe ich einige der Bilder eingerahmt. Sie zieren meine Wand und erinnern mich an eine wunderbare Zeit in meinem Leben, die ich gegen nichts in der Welt eintauschen würde. Schon gar nicht gegen All-inclusive-Urlaube.

TROLLHÜTTE

Ich lag im Bett und lauschte den wilden Zoogeräuschen. Der Löwe brüllte in der Ferne und in mir brüllte eine brennende Aufregung, denn morgen würde mein siebter Geburtstag sein. Ich freute mich riesig und stellte mir immer wieder vor, wie wohl alles sein würde. Ich hatte mir eine Erdbeertorte gewünscht und war so gespannt auf all die Geschenke. Irgendwann schlief ich dann aber über all den Gedanken doch ein.

Ein Ratschen und der Geruch von verbrannten Streichhölzern, der mir in der Nase kribbelte, weckten mich. Ich öffnete noch ganz verschlafen die Augen und sah in verschwommenen Umrissen meine Eltern vor mir. Sie waren beide noch im Schlafanzug und als sie sahen, dass ich die Augen öffnete, fingen sie an zu singen: „Weil heute dein Geburtstag ist, da haben wir gedacht, wir singen dir ein schönes Lied, weil es dir Freude macht…“

Zum Schwefelgeruch der Streichhölzer gesellte sich der Duft der Kerzen und frisch aufgebrühter Kaffee dampfte um die Ecke. Im Schein der Flammen leuchteten die Gesichter meiner Eltern ganz rosig und sie sahen ein bisschen aus wie Heilige. Mit der Torte in der Hand kamen sie dicht an mein Bett und beugten sich zu mir herunter. Ich setzte mich auf, holte so tief Luft, wie ich nur konnte, schloss die Augen und pustete alle Kerzen auf einmal aus. Dabei dachte ich an meinen größten Wunsch: die tolle Barbie-Hochzeits-Kutsche aus dem Otto-Katalog. Seit ich sie zufällig beim Durchblättern vor ein paar Wochen entdeckt hatte, wollte ich nichts anderes mehr.

Plötzlich horchte ich auf. Draußen klapperte doch etwas. Es kam näher, wurde lauter und dann erkannte ich mit einmal, was es war. Es war Steini, der Kutscher, der mit seinen Pferdchen hinter unserem Haus entlangtrabte. Das konnte doch kein Zufall sein, oder?

Über mir knarzte das Bett und der Kopf meiner Schwester lugte von oben herunter. „Alles Gute, Tina! Jetzt bist du schon sieben!"

„Jaaaa", strahlte ich über das ganze Gesicht. Ich liebte Geburtstage! Es gab immer leckeres Essen, alle waren schick angezogen, wir durften lange aufbleiben und Geschenke gab es auch. Am meisten mochte ich natürlich meinen eigenen, aber auch wenn andere Familienmitglieder Geburtstag hatten, feierte ich ausgelassen mit.

Um so rätselhafter erschien es mir, dass meine Eltern oder meine Oma manchmal über ihren Geburtstag schimpften und keine Lust hatten, ihn zu feiern. Aber egal, wie sie das sahen, eins wusste ich genau: Ich wollte für immer gerne Geburtstag feiern, mir die Begeisterung für diesen besonderen Tag unbedingt bewahren und es ist mir bis heute gelungen.

Ich stand auf und alles fühlte sich irgendwie besonders an. Es war mein Tag und ich durfte ihn so gestalten, wie ich das mochte. Meine Mutti nahm mich in den Arm und drückte mich ganz fest. Sie roch nach Kaffee und auch noch ein bisschen nach Schlaf.

Als wir uns aus der Umarmung lösten, hielt mein Vater mir seine Hand hin und sagte: „Schlag ein, großes Mädchen."

Ich klatschte ab, und er wuschelte mir durch meinen blonden Lockenkopf.

„Wenn man so groß ist, bekommt man aber leider keine Geschenke mehr", sagte er und guckte mich mitleidig an.

Ich runzelte die Stirn. „Hä, was? Ich weiß genau, dass das nicht stimmt!", protestierte ich. „Lisa kriegt ja auch noch was. Und die ist schon acht! Außerdem hab ich heute morgen schon von der Barbie-Kutsche geträumt."

Meine Eltern warfen sich einen verlegenen Blick zu. „Ja die Kutsche... hm..."

Ich ahnte sofort, dass etwas nicht stimmte, doch bevor ich was sagen konnte, klatschte meine Mutter in die Hände und sagte: „Na los, wir frühstücken erstmal. Papa hat Eier aus dem Zoo mitgebracht."

„Was für Eier denn?", fragte Lisa.

„Wirst du gleich sehen", sagte meine Mutter und ging gemeinsam mit meinem Vater in die Küche. Lisa kam die Leiter heruntergeklettert, wir schubsten uns ein wenig vor dem Kleiderschrank hin und her und ich suchte mir ein Kleid raus, das ich besonders mochte. Es war rot-weiß kariert und ich hatte es auch schon bei meiner Einschulung getragen. Eine Strumpfhose brauchte ich zum Glück nicht, denn es war ja Sommer. Lisa kramte eine Weile, fand aber nichts, das ihr zusagte. Ich wollte ihr helfen, suchte ihr auch ein schickes Kleid heraus und sagte: „Zieh doch das hier an. Das ist doch schön."

Lisa schaute das Kleid an und verzog das Gesicht. „Aber das kratzt immer so am Hals!", sagte sie und schob es beiseite. „Wer schön sein will, muss leiden. Das gilt auch für dich, Lisa", erklärte ich.

„Ja, aber vielleicht will ich gar nicht schön sein und leiden schon gar nicht", erwiderte sie schlagfertig.

Ich verdrehte die Augen und schubste sie noch einmal ein bisschen, so dass sie fast in den großen Schrank fiel. Dann rannte ich in Richtung Küche. Vor dem Türrahmen blieb ich stehen und drehte mich einmal kurz zum Wohnzimmer um, denn da war der Geburtstagstisch mit den Geschenken. Die Pakete waren zu einer kleinen Pyramide aufgetürmt, die fast so groß war, wie der Strauß Sonnenblumen, der danebenstand. Ich konnte meine Vorfreude schwer zurückhalten und bettelte meine Mutter an: „Darf ich jetzt schon ein Geschenk aufmachen?"

„Jetzt essen wir erstmal und wenn wir fertig sind, darfst du sofort ran, o.k.?", sagte sie liebevoll.

Ich gehorchte und setzte mich auf meinen Platz am Küchentisch. Als Lisa nach einer gefühlten Ewigkeit auch endlich in die Küche kam, musterte ich sie von oben bis unten. Sie trug ein khakifarbenes Shirt mit einem Löwen drauf und eine dunkelblaue Stoffhose. Als sie meinen musternden Blick bemerkte, sagte sie genervt: „Waaaas?" „Nix, sieht schick aus", sagte ich mit einem verschmitzten Lächeln. Lisa guckte mich vorwurfsvoll an, ließ sich von mir aber nicht ärgern. Sie rutschte auf ihren Platz an der Balkontür und stierte ein bisschen muffelig vor sich hin. Das war aber normal, sie war morgens immer so.

Der Tisch war schön gedeckt, es gab zur Feier des Tages Brötchen und etwas lag in einem Geschirrtuch eingewickelt vor meinem Teller.

„Was ist da drin?“, fragte ich neugierig.

„Da sind die Eier drin. Schau mal rein, aber sei vorsichtig ja?!“, sagte meine Mutter.

Ich nahm das eine Ende von dem Geschirrtuch und wickelte es vorsichtig auf. Zum Vorschein kamen eine Handvoll ganz winziger Eier. Sie waren nicht mal halb so groß wie Hühnereier und lustig gefleckt. Lisa und ich wunderten uns. So kleine Eier hatten wir ja noch nie gesehen.

„Wisst ihr, wo die herkommen?“, fragte mein Vater in die Runde.

„Na bestimmt von den neuen Zwerghühnern“, sagte Lisa.

„Ohh süß, die sind ja miniminimini klein“, sagte ich mit piepsiger Stimme und hielt eins zwischen Daumen und Zeigefinger direkt vor mein Gesicht. Sie passten in keinen Eierbecher, also schlug ich eins einfach an der Tischkante auf und pellte die Schale ab. Viel war ja nicht dran an dem Ei und so schob ich es mit einem Haps in meinen Mund. Dann kam plötzlich die flinke Hand meines Vaters von der Seite und schlug mir eins der Eier direkt vor die Stirn. Die Schale zerplatzte, hinterließ einen kleinen nassen Fleck und so schnell wie die Hand gekommen war, zog sie sich auch wieder zurück.

Ich schaute verärgert zu meinem Vater, aber zugegebenermaßen kannte ich das schon. Das war seine Art die

Schale der Eier aufzubrechen und ich war froh, dass es nur so ein kleines Ei war.

Ich beschwerte mich trotzdem lautstark: „Heee, ich hab doch heute Geburtstag!" Mein Vater sah fragend zu mir rüber: „Na und? Da darf ich doch wohl trotzdem mein Ei essen, oder?"

Ich drehte mich um und schaute raus auf den Balkon. Es war ein sonniger Augusttag und ich freute mich riesig auf meine Geburtstagsgäste. Ich hatte zusammen mit meiner Oma tolle Einladungskarten mit kleinen Elefanten aus Seidenpapier gebastelt. Als wir fertig waren, verzierten wir alles mit einem schweren Cutter, der ein wunderschönes schnörkeliges Muster in die Kanten stanzte. Das ließ die Einladungskarten gleich viel edler aussehen.

Ich durfte drei Freundinnen einladen und hatte mich für Rosemarie, Susanne und Lina entschieden, die mit mir zur Schule gingen. Auf der Einladung stand in krakeliger Kinderschrift:

Am 10. August feiere ich meinen Geburtstag und du bist herzlich eingeladen. Adresse: Zoo. Uhrzeit: 14 Uhr. Bitte sag mir Bescheid, ob du kommst. Ich freu mich auf dich. Telefon: 4001717.

Wir hatten uns entschieden, die Geburtstagsparty im Zoo stattfinden zu lassen, denn es bot sich ja nun mal an. Auch wenn ich die Kinder ein bisschen beneidete, die ihren Geburtstag bei McDonald's feierten – schließlich war das für mich eine völlig fremde Welt. Meine Eltern hätten das niemals erlaubt.

„Wie spät ist es denn jetzt?“, fragte ich meinen Vater ungeduldig.

Er schaute auf seine Armbanduhr. „Elf“, sagte er.

Puhhh, es dauerte ja noch ewig. Ich knabberte an meinem Honig-Brötchen und nippte an meinem Kakao. Dann wurde ich zappelig und fragte ungeduldig: „Darf ich aufstehen?“

Ich wollte ja so schnell wie möglich ins Wohnzimmer zu meinen Geschenken. Nach dem dritten Mal Fragen hatten endlich alle aufgegessen und meine Mutter nuschelte ein gepresstes „Na gut“ in meine Richtung.

Ich sprang auf und schlitterte ein bisschen auf den Fliesen. Als ich schon fast aus der Tür war, pfiff meine Mutter mich zurück.

„Teller!“, rief sie energisch.

Brav stapfte ich zurück, nahm meinen Teller und stellte ihn in den Geschirrspüler. Während ich mich bückte, um den Teller ordnungsgemäß im unteren Bereich der Geschirrspülmaschine zu platzieren, linste ich erneut ins Wohnzimmer und fragte mich, in welchem Paket wohl die Barbie-Kutsche war. Als alles eingeräumt war, gab ich der Klappe vom Geschirrspüler einen sanften Schups mit meinem Fuß und sprintete in Richtung Geschenkepyramide.

Vor dem reich gedeckten Gabentisch blieb ich einen Moment stehen und bewunderte ihn, beeindruckt davon, was hier über Nacht geschehen war. Denn gestern Abend, kurz bevor ich ins Bett gegangen war, stand hier noch ein leerer Tisch.

Ein Geschenk war besonders groß. Es war in braunes Packpapier eingewickelt und mit einer roten Schleife zusammengebunden. Ich nahm es in die Hand und versuchte zu fühlen, was sich unter dem groben Papier befinden könnte. Das Papier raschelte und darunter fühlte es sich irgendwie weich an. Ich stellte das Paket auf den Boden und packte es sorgfältig aus. Erst öffnete ich geschickt die Schleife und dann löste ich vorsichtig den Klebestreifen von den Kanten. Ich versuchte, das Papier so wenig wie möglich zu beschädigen, denn Geschenkpapier wurde bei uns nicht einfach zerknüllt und weggeschmissen, sondern sorgsam und fein säuberlich zusammengefaltet und aufgehoben.

Und wenn das nächste Mal jemand etwas einpacken wollte, dann bedienten wir uns aus der bunten Papiersammlung. Die Knappheit der DDR, mit der meine Eltern aufgewachsen waren, war wohl für solche Angewohnheiten verantwortlich und so war diese Form der Nachhaltigkeit damals ganz selbstverständlich und wurde vollkommen ohne Murren oder fancy Betitelung wie „Upcycling“ im Alltag praktiziert.

„Oh, das ist aber groß!“, staunte ich. Ich zog das Geschenk aus der Verpackung und zum Vorschein kam etwas unförmig Schwarzes, das mich mit weißen Zähnen grimmig anglotzte. Was war das denn? Ich zog das Ding ganz aus seiner Umhüllung und erkannte nun, dass es ein Rucksack in Form eines Orcas war.

„Der sieht ja aus wie bei Free Willy!“, rief ich aufgeregt. „Wow“, sagte Lisa staunend und fasste dem schwarzen Ungeheuer ins Maul, denn dort war der Reißverschluss, den man zum Befüllen öffnen musste. Aufgeregt probierte ich ihn, lief zum großen Spiegel im Flur und freut mich jetzt schon darauf, damit an den Strand zu gehen.

Mit dem Rucksack auf dem Rücken packte ich das nächste Geschenk aus. Schon an der Verpackung erkannte ich, dass es sicher ein Buch war: „Ferien auf Saltkrokan“ von Astrid Lindgren. Auf dem Buchcover war ein großer Bernhardiner. So einen wünschte ich mir insgeheim, weil ich mir vorstellte, dass er nachts mein Kopfkissen sein könnte. Von Lisa bekam ich außerdem einen Strauß aus Pfauenfedern, die sie im Hof gesammelt hatte. Die Sonne schien durchs Wohnzimmerfenster und als sie mir den bunten Strauß überreichte, glitzerten die Pfauenaugen lustig in der Sonne.

Ich freute mich sehr über die tollen Geschenke, aber etwas fehlte. Ich rollte ein bisschen mit den Augen und murmelte: „Aber ich hatte mir ja auch noch die Barbie-Kutsche gewünscht. Habt ihr die vergessen?“

Meine Mutter beugte sich zu mir runter und guckte mich verständnisvoll an: „Tina, es tut uns wirklich leid, aber das mit der Kutsche hat nicht geklappt. Oma hat die für dich bestellt, aber als sie ankam, war sie kaputt. Da fehlte ein Rad und dann musste Oma die zurückschicken und eine zweite hatten sie nicht.“

Meine Mutter zog die Augenbrauen hoch und guckte mich verzeihend an. „Bist du doll traurig?“

Ich zog eine Schnute und kämpfte kurz mit den Tränen.

„Aber wer braucht schon eine Barbie-Kutsche, wenn er einen echten Free-Willy-Orca-Rucksack hat, oder?“, sagte mein Vater aufmunternd.

Er nahm mich auf den Arm und tat gleichzeitig so, als würde er von dem Orca auf meinem Rücken angegriffen werden. Er schüttelte sich und schrie: „Ahhhh Ahhh Hilfe, Angriff!“

Obwohl ich die Enttäuschung nur schwer verbergen konnte, musste ich über meinen albernen Vater lachen. Ich hing mit dem Kopf nach unten über seiner Schulter und es war ein bisschen so, als würde er die Enttäuschung einfach aus mir herausschütteln.

Als er mich wieder absetzte, war mir ganz schwindelig und ich brauchte einen kurzen Moment, um wieder geradeaus gucken zu können. Ich nahm den Rucksack ab, betrachtete ihn noch einmal und freute mich. Jetzt mussten wir nur noch die Zeit überbrücken, bis meine Gäste kamen.

Ich überredete Lisa, mit mir unter unsere Kastanie zu kommen. Eilig zogen wir die Schuhe an und liefen die Treppe runter. Im Hausflur trafen wir unsere Nachbarin Hanne. Sie hatte den kleinen Karli auf der Schulter und im Vorbeilaufen rief Lisa ihr zu: „Tina hat heute Geburtstag!“

„Oh, na dann herzlichen Glückwunsch!“, entgegnete Hanne. Ich blieb vor ihr stehen und sie gratulierte mir mit einem festen Händedruck. Karli schien irgendwie nervös zu sein, denn er lief immer wieder von einer Schulter zur anderen. Ich nahm seine kleine Hand und schüttelte sie und er nickte mir mit seinem süße Opagesicht zu.

„So, na dann wollen wir mal wieder, Karli“, sagte Hanne und schloss die Tür zu ihrer Wohnung auf. „Hab nen schönen Tag und eine tolle Feier wünsch ich dir!“, sagte sie.

Ich drehte mich noch einmal um und rief ihr ein fröhliches „Danke!“ zu, bevor ich durch die Haustür nach draußen verschwand.

An der Kastanie angekommen kletterte ich ganz nach oben und hielt Ausschau, ob vielleicht doch schon einer meiner Gäste zu sehen war. Da weit und breit keiner in Sicht war, kletterte ich wieder runter.

„Komm, wir tun so, als wären wir auf uns selbst gestellt und müssten alleine überleben“, schlug Lisa vor. Das spielten wir öfter und vergaßen darüber komplett die Zeit. Es war, als würden die Uhren unter dem alten Baum anders ticken.

Irgendwann rief uns unsere Mutter zum Mittag. Es gab Eierpfannkuchen und als Kind dachte ich immer, die heißen Eierfantkuchen, wie Elefant nur mit Eiern, und war ein wenig enttäuscht, als ich erfuhr, dass sie nichts mit den gemütlichen Dickhäutern zu tun hatten.

Ich konnte sehr viele davon essen. Am liebsten mit Apfelmus oder Zimt und Zucker oder noch besser: mit beidem. Meine Mutter mochte sie nicht, aber sie wurde nie müde, welche für mich und meine Schwester zu braten.

„Wann kommen denn endlich meine Gäste?“, fragte ich ungeduldig.

Meine Mutter schaute auf die Uhr: „Noch eine knappe Stunde. Du kannst ja noch mal ein bisschen klar Schiff machen und dein Chaos beseitigen.“ Also ging ich ins Kinderzimmer und begann, ziellos aufzuräumen. Als ich ein Puzzle ins Regal räumen wollte, fiel es mir aus der Hand und alle Teile verstreuten sich auf dem Boden. Erst wollte ich sie einfach wieder einsammeln, doch dann fing ich an zu puzzeln und vergaß darüber die Zeit. Erst die Türklingel riss mich aus meiner Puzzle-Meditation und meine zerstückelte Wahrnehmung setzte sich wieder zu einem kompletten Bild zusammen: Mein erster Geburtstagsgast kam.

Es war Susanne, die in der Schule neben mir saß und mit der ich mich angefreundet hatte. Sie war lustig und bei schweren Aufgaben halfen wir uns gegenseitig. Noch während ich sie begrüßte und ihr mein Zimmer zeigte, klingelte es erneut an der Tür. Nun kam Rosemarie. Sie verabschiedete sich von ihrer Mutter und überreichte mir direkt an der Türschwelle mein Geschenk. Und dann kam noch Lina, und ich freute mich, dass nun alle da waren.

Bevor wir runter in den Garten gingen, wo meine Mutter schon die große Kaffeetafel aufgebaut hatte, zeigte ich ihnen noch schnell unsere Wohnung. Stolz präsentierte ich die beachtliche Elefantensammlung, das Free-Willy-Poster und natürlich den Balkon mit unseren Nagerfreunden. Sie staunten nicht schlecht und löcherten mich mit Fragen.

Als wir in den Hof kamen, kämpfte ein halber Schwarm Wespen um die Erdbeertorte und den Krug Apfelsaft. Meine Mutter verscheuchte sie, schnitt ein kleines Stück von der Torte und stellte es ihnen zur Seite. Das lenkte sie von unserer Kaffeetafel ab.

Nachdem wir uns die Bäuche mit Kuchen vollgeschlagen hatten, legten wir uns auf eine Decke ins Gras und spielten mit meinen Barbies. Irgendwann hatten wir keine Lust mehr und Susanne sprach das aus, was wohl alle dachte: „Wann gehen wir denn eigentlich zu den Elefanten?“

Meine Mutter, die sich für einen Moment in einem Liegestuhl, der neben unserer Decke stand, ausruhte, schaute auf die Uhr und sagte: „Tina, frag doch mal Papa, ob er jetzt mit euch rübergeht. Ja?"

„O.k. Aber wo ist der denn?", wollte ich wissen.

„Hm, schau mal oben. Vielleicht hat er sich kurz hingelegt."

„O.k.", rief ich und lief hoch. Unser Wohnungsschlüssel steckte in der Tür, ich schloss auf und lief rein, geradezu ins Schlafzimmer. Dort lag mein Vater auf dem Rücken und hatte die Hände vor der Brust verschränkt.

„Papa! Wollen wir los?", fragte ich und strich ihm über die Wange. Man wusste nie genau, ob er wach war oder schlief. Er murmelte ein zustimmendes „Hmm. Noch 10 Minuten o.k.?"

Unter der Bettdecke guckten seine Füße raus. Ich schlich zum Ende des Bettes und nahm eine der exotischen Federn, die im Bündel in einer Vase auf dem Fensterbrett steckten. Vorsichtig strich ich damit über seine nackte Fußsohle. Er murrte. Dann schnellten seine Hände plötzlich auf mich zu, packten mich, warfen mich aufs Bett und kitzelten mich von oben bis unten durch.

„Du Ratte!", sagte er und ich quietschte, japste vor Lust und gluckste nach Erlösung. Dann ließ er endlich von mir ab, zog sich Socken an sagte: „Na dann mal los."

Ich sprang aus dem Bett, hustete ein bisschen von dem Staub und der kurzen Anstrengung, und wir gingen gemeinsam runter.

„Es geht los", rief ich und schnell versammelten sich alle vor dem Tor. Meine Freundinnen bekamen große Augen und Rosemarie fragte: „Und hier fängt der Zoo an?"

„Ja“, sagte ich „und ich hab einen ganz eigenen Schlüssel.“ Ich hob ihn in die Luft, zeigte ihn allen und schloss dann das Tor auf. Mein Vater folgte uns und zog einen kleinen Bollerwagen hinter sich her, den meine Mutter für uns gepackt hatte. Dort war alles drauf, was wir später zum Grillen brauchen würden.

Kurz vor dem Elefantenhaus stellte mein Vater den kleinen Wagen ab und sagte: „O.k., wartet mal hier ja? Ich hol euch gleich ab.“

Schnellen Schrittes verschwand er mit einer gekonnten Linkskurve um die Ecke.

„Uh, wie aufregend! Holt er jetzt einen Elefanten hier her?“, fragte Susanne.

„Nee, ich glaub er guckt bloß, was bei den Elefanten gerade so los ist“, erklärte ich altklug. Dann lugte der Kopf meines Vaters hinter dem Haus hervor und er signalisierte uns, dass wir zu ihm kommen sollten. Meine Freundinnen liefen hastig los, während ich ganz gemütlich hinterherschlenderte. Wir gingen zum Zaun und alle staunten nicht schlecht, als sie plötzlich vor einem echten Elefanten standen.

Susanne wich ein bisschen zurück. „Hast du Schiss?“, flüsterte Lisa ihr zu.

„Hä nee. Ich hab keinen Schiss!“, zischte sie und rollte mit den Augen. Aber ein bisschen zögerte sie doch.

Mein Vater ging ins Haus und kam mit einer Packung Knäckebrot wieder. Er nahm ein paar Scheiben aus dem Paket und verteilte sie. Lina beguckte ihre von allen Seiten und knabberte dann ein bisschen daran. Wir lachten.

„Das ist für die Elefanten! Du hast wohl nicht genug Torte gegessen“, kicherte ich.

Lina guckte verschmitzt und sagte: „Hm lecker, Futter!"

Ein Kollege meines Vater war gerade dabei, die riesigen Haufen der Dickhäuter mit einem Besen auf eine große Schaufel zu schieben und dann mit einer gekonnten Bewegung in die Schubkarre zu bugsieren. Als sie voll war, schob er sie langsam in unsere Richtung, durch das Tor, das mein Vater nun aufmachte.

„Hey Tina", rief er und steuerte direkt auf mich zu. „Alles Gute zum Geburtstag! Ich hab hier auch ein Geschenk für dich."

Ich schaute ein bisschen verdutzt, merkte aber sofort, dass er nur Spaß machte. Er lenkte kurz vor mir ein und balancierte die Dungschubkarre gekonnt in den dafür vorgesehenen Container.

Als ich mich wieder umdrehte, sah ich, dass das große Tor vom Elefantengehege immer noch offen stand. Das hatten auch die Elefanten schon bemerkt und kamen interessiert näher. Jetzt hatte nicht nur Susanne Schiss.

„Kommen die jetzt etwa her?", fragte Rosemarie voller Panik.

„Ihr braucht keine Angst haben", beruhigte mein Vater. „Sara ist eine ganz Ruhige. Ich hol sie jetzt mal raus." Er drehte sich um und gab der Elefantendame ein Signal, dass sie näher treten durfte. Sie ging durch das Tor und bevor Kira hinterherkommen konnte, machte mein Vater das schwere Eisengitter schnell wieder zu.

Wir stellten uns im Halbkreis um Saras Kopf und sie schnupperte einmal durch die Runde. Ihr Rüssel hinterließ auf allen schicken Festtagskleidchen ein paar dunkle Flecken

Elefantenrotze. Meine Freundinnen ekelten sich ein bisschen, ich hingegen trug den Schmutz mit Stolz, denn es war ja keinesfalls alltäglicher Schmutz. Es war Elefantenschmutz und wo kriegt man den in Norddeutschland schon so einfach her.

Dann gab mein Vater noch ein paar letzte Anweisungen: „Geht mal noch ein kleines Stück zurück. Und wichtig ist, dass ihr alles ganz langsam macht, keine allzu hektischen Bewegungen. Sonst erschreckt sie sich!“

Ich machte den Anfang und hielt Sara mutig das Knäckebrot hin. Sie griff es mit ihrem Rüssel und schob es sich dann in den Mund. Meine kleinen Geburtstagsgäste staunten und wollte den Elefanten nun auch füttern. Eine nach der anderen hielt ihr das Knäckebrot hin und Sara mampfte alles genüsslich in sich hinein.

Ich schaute in die strahlenden Gesichter meiner Freundinnen und war stolz, ihnen so etwas Besonderes zu meinem Geburtstag bieten zu können.

Als auch das letzte Knäckebrot verfüttert war, fragte ich: „Wollen wir jetzt weitergehen?“

Es gab doch noch so viel, was ich meinen Freundinnen zeigen wollte. Schweren Herzens verabschiedeten sie sich von Sara und spazierten zurück auf den Besucherweg.

Am Aquarium waren wir mit Steini zu einer Kutschfahrt verabredet, und als wir dort ankamen, wartete er schon auf uns. Wir stiegen ein und grade, als er das Kommando zum Losfahren gab, kam meine Schwester angelaufen und rief: „Haaaalt, Tina, hiiiier, ich muss dir noch was geben!“ Steini hielt die Kutsche noch mal an und Lisa überreichte mir ihre Tierarzt-Barbie und ihren Ken.

„So!“, sagte sie. „Jetzt ist das hier auch eine Barbie-Kutsche“.

„Oh ja, stimmt!“, sagte ich und lachte. Und ich muss sagen, auch wenn wir uns wirklich viel stritten, in Momenten wie diesen hatte ich meine Schwester richtig gerne.

Steini gab den Zügeln noch mal einen kräftigen Ruck und die Pferde wussten, jetzt geht es los. Wir fuhren eine große Runde durch den Zoo, bis wir an der Trollhütte, einem kleinen Blockhaus mitten im Zoo, das wir zu meinem Geburtstag gemietet hatten, ankamen. Dort knurrte Steini ein lautes „Brrrrrr“ und die beiden Pferde blieben stehen. Wir bedankten uns und stiegen aus. Mein Vater war schon vorgegangen, hatte den kleinen Wagen mit dem Essen vor der Hütte abgestellt und lehnte nun am Zaun des Rentiergeheges.

Ich ging zu ihm rüber und stellte mich neben ihn. Ein Rentiermännchen schien sich irgendwie komisch zu verhalten. Er scharrte mit den Hufen, gab rasselnde Keuchtöne von sich und wirkte sehr aufgebracht. Wir beobachteten es eine Weile, beschlossen dann aber, in der Trollhütte schon mal den Grill anzuschmeißen, denn bald schon würde es dunkel werden. Doch irgendwie passte keiner der Schlüssel.

Mein Vater wunderte sich. „Hm, komisch“, sagte er nachdenklich. „Offensichtlich haben die mir den falschen Schlüsselbund rausgegeben. Na dann geh ich wohl mal los und hol den richtigen. Ihr wartet hier. O.k.?“

Die anderen hatten grade angefangen, Fangen zu spielen. „Jaaa, wir warten“, sagte ich. „Beeilst du dich?“

Er steckte den Schlüsselbund wieder in seine Hosentasche und sagte: „Na klar. Bis gleich und macht keinen

Mist", sagte er, beugte sich zu mir runter und fuchtelte mit der Hand vor meinem Gesicht. „Denk immer an den erhobenen Zeigefinger deines Vaters." Kurz nachdem er gegangen war, hörten wir ächzende Geräusche aus dem Rentiergehege, die ein bisschen klangen wie das Geschrei einer Wasserpumpe. Schnell liefen wir zum Zaun und versuchten herauszufinden, was da vor sich ging.

Es war dramatisch: Das große Rentiermännchen, das sich vorhin schon so komisch verhalten hatte, jagte einen kleineren Artgenossen. Immer und immer wieder rannte es mit seinem riesigen Geweih auf das Kleine zu und versuchte es zu rammen, als wollte es das Jungtier aufspießen. Wir waren schockiert.

„Der stirbt bestimmt", jammerte Lina.

„Meinst du echt jetzt?", sagte Susanne erschrocken. „Wir müssen was machen! Wann kommt bloß dein Papa wieder, Tina?" Sie schaute sich fragend um, und genau in dem Moment kam er um die Ecke geschlendert.

„Papaaaaa!", rief ich, lief auf ihn zu und zog ihn an der Hand in Richtung Rentiergehege. „Der stirbt gleich!"

„Wer stirbt?", fragte mein Vater verwirrt.

„Na das kleine Rentier!", sagte ich eindringlich und zeigte in die Ecke, in der es hinter einer großen umgestürzten Baumwurzel Schutz suchte.

„Oh, ha!", sagte mein Vater, zog die Augenbrauen hoch und strich sich mehrmals nachdenklich über seinen Dreitagebart. Ich schaute ihn vorwurfsvoll an. „Papa, du musst doch was machen!"

In dem Moment ging das große Rentier erneut auf das kleine los und drängte es mit seinem Geweih gewaltsam in eine Ecke des Geheges. Das kleine war deutlich schwächer und konnte sich nur mit größter Mühe vor dem tödlichen Riesengeweih in Sicherheit bringen. Man sah, dass es immer schwächer wurde und an zwei Stellen hinter den Ohren bereits stark blutete. Das sah mein Vater auch, aber er war unsicher, was er tun sollte. Von außen konnte er nicht viel machen und wenn er selbst in das Gehege ging, war auch er in Gefahr. Er überlegte, schaute noch einmal in die Runde und entschied dann, in das Gehege zu gehen, um das kleine Rentier und meinen Kindergeburtstag zu retten.

Er ging Richtung Zaun und wartete bis das aufgebrachte Rentiermännchen im rechten Teil des Geheges war. Dann bewaffnete er sich mit einem großen Stock und sprang an einer Stelle, wo der Zaun ein bisschen niedriger war, in das Gehege. Mir rutschte das Herz in die Hose, denn nun hatte ich riesengroße Angst um meinen Vater. Doch der wusste, was zu tun war, lief zielstrebig auf das Tor zu, das das Gehege zweiteilen konnte, und noch bevor das Rentiermännchen ihn entdeckte, schloss er es mit einem lauten Knall und verstärkte die Verriegelung mit dem Stock, mit dem er sich bewaffnet hatte. Er selbst blieb auf der Seite, wo der Kleine war. Doch auch wenn der noch nicht ausgewachsen war, konnte er einen Menschen sehr verletzen. Schnell lief mein Vater wieder zu der niedrigen Stelle im Zaun und sprang mit etwas Anlauf erneut hinüber. Drüben angekommen klopfte er sich ein bisschen Schmutz von der Hose. Als er grade wieder zu uns zurückkommen wollte, kam ihm der Kollege entgegen, der anscheinend für das Revier zuständig war. Mein Vater sprach mit ihm und erklärte ihm wild gestikulierend, was grade vorgefallen war. Der Kollege runzelte besorgt die Stirn und zusammen gingen sie einmal um das Gehege herum, um nach dem kleinen Rentier zu schauen.

Es lag verstört in einer Ecke, blutete stark und schnaubte entkräftet vor sich hin. Der Kollege griff nach dem Diensttelefon, das er an seinem Gürtel befestigt hatte, und forderte tierärztliche Hilfe an. Mein Vater wartete noch wenige Minuten, bis die Tierärztin eintraf, verabschiedete sich dann und kam wieder zu uns. Ich lief ihm entgegen und umarmte ihn fest, während meine Freundinnen ihn ungläubig anschauten. Uns war die Lust auf Kindergeburtstag mehr als vergangen.

„Herr Küchenmeister, hatten Sie denn gar keine Angst?", fragte Susanne besorgt. Noch ein bisschen außer Atem sagte er: „Angst und Geld, nie gehabt!"

Dann ging er zurück Richtung Trollhütte. Meine Freundinnen hatten zwar nicht verstanden, was er meinte, aber sie waren auf jeden Fall beeindruckt. Und ein wenig verstört.

Mein Vater probierte den anderen Schlüssel, den er in der Zwischenzeit geholt hatte, und der passte. Wir gingen hinein und schauten uns um. Drinnen war es kühl und staubig. In der Mitte der kleinen Hütte war ein großer, runder Grill und drum herum sollte alles so aussehen, als würden hier Trolle wohnen. Die Sitzbänke waren mit Fellen überzogen, überall hingen Bilder von Trollen und in einem kleinen CD-Player steckte eine Scheibe mit Trollsongs.

Ich mochte die Hütte und versuchte, meine Freundinnen mit den kleinen Details aufzuheitern, denn nach dem

Rentierangriff war die Stimmung immer noch gedrückt. Aber nachdem mein Vater uns mehrmals versichert hatte, dass das kleine Rentier sich ganz bestimmt wieder aufrappeln würde, hellte sich die Stimmung langsam wieder auf. Mein Vater grillte ein paar Würstchen und zur Musik der Troll-CD luden wir die Teller randvoll mit dem köstlichen Kartoffelsalat, den meine Mutter am Abend zuvor extra noch zubereitet hatte. Nach dem Essen packten wir alles zusammen und machten uns wieder auf den Weg zurück zu unserem Haus, wo die Eltern meiner Gäste schon warteten, um sie abzuholen.

Abends, als ich im Bett lag, war ich besorgt, dass meinen Freundinnen der Geburtstag nicht gefallen hatte, aber mein Vater beruhigte mich.

„Ich glaub denen hat das alles richtig gut gefallen, Tina!", sagte er. „Und das mit den Rentieren passiert in freier Wildbahn jeden Tag. Blöd, dass ihr das mitansehen musstet, aber so ist die Natur!"

Als am folgenden Montag die Schule wieder losging, durften alle Kinder von den Ferien erzählen. Als ich an der Reihe war, erzählte ich nicht von unserem Schwedenurlaub. Stattdessen schilderte ich aufgeregt, wie heldenhaft mein Vater das kleine Rentier gerettet hatte. Meine Freundinnen nickten zustimmend und sagten, dass es der aufregendste Geburtstag war, auf dem sie je waren. Ich freute mich und wertete das als etwas Gutes.

Als mein Vater an dem Tag von der Arbeit kam, sah ich schon an seinem Gesichtsausdruck, dass etwas nicht stimmte. Er ging in die Küche und nachdem er sich seinen Nachmittagstee aufgebrüht hatte, rief er mich zu sich. Ich setzte mich an den Küchentisch und noch bevor ich etwas sagen konnte, beichtete er mir die traurige Wahrheit: „Leider hat es das kleine Rentier nicht geschafft. Es war einfach zu schwach."

Ich schaute ihn ungläubig an und dann kullerten ein paar Tränen über meine Wangen. Mein Vater stellte seinen dampfenden Tee ab, strich mir über den Kopf und sagte: „Aber wir haben wenigstens versucht, es zu retten. Es war nur leider schon zu spät!"

Ich schniefte laut. Meine Heldengeschichte war keine mehr. Von nun an überschattete das tote Rentier den besonderen Tag, auf den ich mich so lange gefreut hatte. Meinen Freundinnen verschwieg ich den Ausgang der Geschichte, denn ich hatte große Angst, dass sie dann niemals mehr zu Besuch, geschweige denn zu meinem Geburtstag kommen würden. Und vielleicht, dachte ich mir, würde ich meinen Geburtstag das nächste Mal dann doch bei McDonald's feiern.

DJOMBA UND GONI

Im gleichen Sommer gab es eine große Aufregung im Zoo. Der Buschfunk hatte schon lange gemunkelt, dass zu den beiden großen bald noch zwei kleine Elefanten kommen würden und nun sollte es endlich so weit sein. Wir Kinder spürten deutlich, wie die Anspannung unseres Vaters mit dem Heranrücken des großen Ereignisses anstieg. Im Elefantenhaus wehte von nun an ein anderer Wind. In den herben Stallgeruch mischte sich der süße Duft der Veränderung und Sara und Kira erschnüffelten mit ihren langen Rüsseln, dass etwas in der Luft lag. Es wurde gebaut und umgeräumt, die Pfleger versuchten, alles so herzurichten, dass zwei weitere Elefanten in dem kleinen Haus Platz fanden.

Es war heiß und während im Elefantenhaus gebaut wurde, spielten wir im Garten in einem etwas mickrigen Planschbecken, das durch ein Loch immer wieder Luft verlor, was uns nicht weiter störte. Über einen langen Schlauch, der vom Haus bis zu unserem kleinen Pool führte, lief das Wasser in das bunte Becken und brachte uns sprudelnd die dringend benötigte Abkühlung. Wenn wir nicht grade Wasserbomben bauten oder mit kleinen Wasserpistolen Revierkämpfe ausfochten, lagen wir um das kleine Planschbecken herum, kühlten unsere Füße im Wasser und redeten über das eine Thema, über das alle im Zoo zu der Zeit sprachen: die kleinen Elefanten.

„Wo kommen die nochmal her?“, fragte ich Michi, der meist besser Bescheid wusste als Lisa und ich.

„Aus einem Wildpark in Afrika“, antwortete er. „Ihre Mutter ist gestorben und deshalb kommen sie jetzt hierher.“

Ich dachte nach und konnte mir einfach nicht vorstellen, wie die Elefanten den weiten Weg von Afrika zurücklegen sollten. Kurz dachte ich an das Kinderbuch Dumbo, in dem es um einen Elefanten geht, der mit Hilfe seiner großen Ohren fliegen kann, doch mit meinen fast sieben Jahren war ich alt genug, um zu wissen, dass das völliger Quatsch war.

Ich blinzelte in die Sonne, nahm meine Füße aus dem Pool und setzte mich auf. Fragend schaute ich zu Michi rüber. „Aber wie kommen die denn überhaupt hierher?“

Michi schirmte seine Augen ab, um zu mir herüberzugucken. „Na die kommen mit einem Flugzeug“, sagte er.

Ich guckte ihn irritiert an. „Hä?“, fragte ich. „Die passen da doch gar nicht rein.“

Michi sah mich nachsichtig an, sagte in seiner leicht überheblichen Erklärstimme: „Na ja, erstens sind die ja noch klein und außerdem geht das so, dass die in einen Container kommen und der passt schon in das Flugzeug rein.“

Jetzt hob auch Lisa den Kopf und klinkte sich in das Gespräch mit ein. „Ja, ich glaub, Papa hat auch irgendwas von einem Container gesagt.“

Ich ließ mich zurück auf mein Handtuch fallen, schaute in den blauen Himmel und versuchte, es mir vorzustellen, aber so richtig gelang es mir nicht. Als ich abends im Bett lag, dachte ich noch lange darüber nach, wie es wohl für die kleinen Elefanten sein würde, in einem Container durch die Luft zu fliegen, obwohl sie bis dahin nur den Wildpark in Afrika kannten. Aber eine Sache beruhigte mich: Sie würden immerhin den besten Elefantenpfleger, den sie sich vorstellen konnten, an ihrer Seite haben.

Am nächsten Morgen fuhr mein Vater schon ganz früh mit dem Inspektor, dem Zoodirektor und noch einigen anderen wichtigen Leuten aus dem Zoo nach Laage. Dort war der nächstgelegene Flughafen und gegen Mittag sollte hier das Flugzeug aus Afrika landen. Wir hatten zum Glück noch Sommerferien und warteten gespannt auf seine Ankunft. Um den Moment ja nicht zu verpassen, in dem der LKW mit dem Container um die Ecke bog, verbrachten Lisa und ich den ganzen Tag im Garten vor unserem Haus und sprangen jedes Mal, wenn wir in der Ferne hörten, wie sich ein Auto den kleinen Waldweg entlangschlängelte, auf und liefen zum Zaun. Meist war es aber wieder nur ein Futterlieferant. Nach einem erneuten Fehlalarm rief uns unsere Mutter zum Essen nach oben. Am Tisch redeten wir über nichts anderes als die kleinen Elefanten. Wie sie wohl heißen würden und wie groß die wohl waren.

„Mama, wann kommen die denn endlich?“, fragte ich ungeduldig.

„Ich weiß es nicht. Eigentlich wollten sie schon längst da sein“, sagte sie und schaute mit einem prüfenden Blick aus dem Fenster. Wir aßen auf, räumten den Tisch frei und ich setzte mich mit meinem Malbuch in die Küche, wo ich die Straße im Blick hatte. Dann plötzlich, als ich tief in ein Bild mit einer anspruchsvollen Blumenwiese vertieft war, hörte ich das entfernte Schnaufen eines Schwerlasttransporters, der sich den kleinen Waldweg entlangschob. Das mussten sie sein!

„Liiiiiiiiisa!“, rief ich. „Sie kommen! Da kommen sie!“ Mit meinem Zeigefinger patschte ich an die Scheibe. Lisa kam um die Ecke geschlittert und stolperte zu mir ans Fenster. Wir quetschten uns zu zweit vor die große Scheibe und drängelten uns vor lauter Aufregung hin und her. Unsere Mutter kam nun auch in die Küche und stellte sich hinter uns.

„Mama, dürfen wir runter und zugucken, wie die ankommen?“, stotterte ich aufgeregt.

„Erst räumst du hier noch deinen Kram weg“, erwiderte sie streng und ging zurück ins Wohnzimmer. Eilig legte ich Stifte und Malbuch beiseite, rannte in den Flur und zog mir so schnell es ging meine Schuhe an.

Lisa war schon fertig und drängelte. „Los Tina, mach ma hin jetzt. Sonst verpassen wir noch alles!“

Als ich endlich fertig war, sprangen wir die Treppen runter und rannten eilig aus der Haustür. Schon ab dem kleinen Imbiss war jedoch kein Durchkommen mehr. Überall standen Leute herum, einige von ihnen mit klobigen Kameras auf den Schultern oder riesigen Fotoapparaten um den Hals. Unter sie mischte sich ein ganzes Dutzend neugieriger Zoomitarbeiter, die dieses Jahrhundertereignis natürlich auch nicht verpassen wollten. Als wir uns an der

Menschentraube vorbeischieben wollten, hielt uns eine Kollegin unseres Vaters auf, beugte sich zu uns herunter und flüsterte: „Hey ihr beiden, bleibt mal am besten hier. Da vorne ist schon ganz schön viel Gewusel und die kleinen Elefanten brauchen eigentlich vor allem Ruhe. Was meint ihr, wie aufregend das alles für die ist."

Lisa sah sie mit großen Augen an und nickte, lenkte dann jedoch in einem ähnlichen Flüsterton ein: „Wir wollten auch nur kurz zu unserem Papa und Hallo sagen."

Die Kollegin sah uns verständnisvoll an, sah in Richtung Container und erblickte unseren Vater. Sie deutete mit dem Finger in seine Richtung und sagte dann etwas lauter: „Schaut mal, da vorne ist Jörg, aber der hat gerade alle Hände voll zu tun. Der hat jetzt eh nicht wirklich Zeit für euch. Geht doch am besten einfach später noch mal zu ihm, o.k.?"

Wir waren ein bisschen verärgert, so abgewimmelt zu werden, aber natürlich verstanden wir das auch. Wir blieben noch eine Weile hinter dem Imbiss stehen und schauten zu, wie der LKW den Container ganz behutsam abstellte und eine Rampe von außen an die große Containertür geschoben wurde. Mein Vater und seine Kollegen versammelten sich noch einmal, um das Vorgehen zu besprechen, und dann war es endlich so weit: Ein Kollege meines Vaters zog die schweren Bolzen aus der Tür, mit denen sie bis dahin verriegelt war, und öffnete ganz langsam erst die eine Seite und dann die andere.

In meinem Bauch kribbelte die Aufregung. Gleich würden wir die kleinen Elefanten zum ersten Mal sehen. Ich stieß Lisa in die Seite und japste: „Guck mal, gleich kommen die raus.“

Die Kameraleute, Fotografen und Pressevertreter schärften ihre Geschosse und drehten wie wild an ihren Objektiven. Und dann, begleitet von einem kleinen Blitzlichtgewitter, lugten zwei graue Rüsselspitzen aus der Transportbox. Sie schwangen etwas müde umher und schnüffelten vergeblich nach vertrauten Gerüchen. Da sie an den Beinen angekettet waren, konnten sie erstmal nur ein paar Schritte vorwärts machen. Dann wurden sie mit Wasser und einer großen Portion Heu versorgt.

Lisa und ich waren auf der Stelle völlig hin und weg: „Die sind ja süüüüß!“, schwärmte Lisa und drängelte sich an einem besonders großen Fotografen vorbei, damit sie besser sehen konnte.

Die Elefanten stärkten sich erstmal ein bisschen und beschnupperten alles ganz in Ruhe. Als sie ganz aus dem Container gelaufen waren, führte mein Vater sie auf das Außengehege, wo sie für die nächsten Stunden bleiben sollten, um ihre neue Umgebung kennenzulernen.

Wir liefen vor zum Besucherzaun und beobachteten die beiden. Neugierig und noch ein bisschen verängstigt schauten sie sich alles an, fraßen und ließen ein paar Köttel da. Nachdem die meisten Presseleute abgezogen waren, kehrte im Zoo wieder ein bisschen Ruhe ein.

Beim Abendbrot erzählte unser Vater uns von der Ankunft in Laage und wie es kurz Probleme gab, den Container auf den LKW zu bekommen. Lisa und ich lauschten gespannt und staunten. Dann ging unser Vater wieder rüber ins Elefantenhaus, um die kleinen Elefanten mit ihren beiden Tanten vertraut zu machen. Das Elefantengehege hatten die Zooschlosser zuvor mit Hilfe eines dicken Zauns in zwei Bereiche getrennt. Auf der einen Seite standen nun Sara und Kira und auf die andere Seite wurden langsam die beiden Kleinen geführt. Zum Glück verstanden sie sich gut und akzeptierten sich bis auf ein paar kleine Reibereien. Und während unser Vater aufpasste, dass die Elefanten sich nicht gegenseitig die Rüssel einhauten, saßen wir vor dem Fernseher und warteten gespannt auf den Bericht über die dickhäutigen Neuankömmlinge im Zoo. Als er endlich kam, waren wir mächtig stolz, denn unser Vater war mehrmals relativ lange im Bild zusehen. Einmal schwenkte die Kamera sogar in unsere Richtung und Lisa und ich waren für einen kurzen Moment deutlich zu erkennen. Ich kicherte und rief: „Hey Lisa! Guck mal, da sind wir! Im Fernsehen!"

Als wir nach diesem ereignisreichen Tag ins Bett huschten, war unser Vater immer noch im Elefantenhaus. Er wollte die ersten Nächte dort verbringen, um bei Rangeleien jeder Zeit eingreifen zu können. In den nächsten Tagen kam er eigentlich nur zum Essen nach Hause. Morgens duschte er noch kurz und zog sich etwas Frisches an.

Nach ungefähr vier Tagen hatte sich die Aufregung im Elefantenhaus ein wenig gelegt und eine Art Alltag schlich sich ein. Unser Vater kam nun auch zum Schlafen wieder nach Hause und erzählte uns, was die kleinen Elefanten den Tag über so angestellt hatten.

Gespannt lauschte ich seinen Erzählungen und freute mich, dass endlich mal was richtig Aufregendes im Zoo passierte. Und irgendwann traute ich mich zaghaft zu fragen: „Und Papa, dürfen mir morgen auch mal mit rüberkommen?“

Lisa und ich hatten uns nämlich auf Anweisung unseres Vaters erstmal zurückgehalten, denn die Elefanten sollten so wenig wie möglich gestört werden. Mein Vater streichelte mir über den Kopf und sagte: „Morgen könnt ihr mich mal kurz besuchen kommen, o.k.?“. Voller Vorfreude schliefen wir an diesem Abend ein.

Als wir am nächsten Tag um die Ecke des Elefantenhauses liefen, war unser Vater gerade dabei, eine große Ladung Elefantendung in den dafür vorgesehenen Container zu fahren. Die Schubkarre war randvoll gefüllt – er hatte ja nun doppelt so viel Arbeit. Doppeltes Fressen. Doppelte Fußpflege. Doppelte Haufen. Als er uns sah, leerte er die Schubkarre schnell aus, stellte sie neben dem Container ab und ging mit uns zum Hintereingang des Elefantenstalls. Erstmal standen wir nur da und beobachteten die vier Dickhäuter aus der Ferne. Als die beiden Kleinen uns erblickten, kamen sie neugierig herüber und schnüffelten mit ihren kleinen Rüsseln durch die riesigen Gitterstäbe. Ich hielt ihnen meine Hand hin und sie schnupperten jeden Finger einzeln ab. Auch wenn es für die Beschreibung eines Elefanten nicht wirklich angemessen klingt, war „zappelig“ das passendste Wort, um sie zu beschreiben.

Ich zog meine vollgesabberte Hand wieder weg und fragte meinen Vater: „Wie heißen die noch mal?“, denn ich konnte mir dic Namen einfach nicht merken.

„Also das hier ist Djomba“, erklärte mein Vater und zeigte auf den linken der beiden Elefanten. „Und die andere heißt Goni.“

„Djomba und Goni“, sprach ich ihm nach. „Das sind aber schöne Namen. Und wie unterscheidest du die?“

Mein Vater streichelte den Rüssel des linken Elefanten und sagte: „Djomba hat so einen kleinen Knick am Ohr und Goni hat das nicht. Siehst du? Daran kann man sie gut unterscheiden.“

Wir verfütterten ein paar Möhren und eine ganze Schubkarre voller Zuckerrüben. Djomba und Goni kauten schmatzend vor sich hin und schienen wirklich ganz zufrieden zu sein. Ich schaute sie mir noch mal ganz genau von oben bis unten an und beschloss: Sie waren das Niedlichste, was ich je gesehen hatte. Das schützte sie aber nicht davor, dass ich auch ein kleines bisschen eifersüchtig auf sie war, denn immerhin verbrachte unser Vater nun mehr Zeit mit ihnen als mit mir und meiner Schwester. Und waren es vorher zwei Elefanten, die zwischen uns und unserem Vater standen, so waren es von nun an doppelt so viele.

ABBRECHEN JA, AUFGEBEN NIEMALS!

Nachdem die kleinen Elefanten so gut es ging eingewöhnt waren, versuchte unser Vater, wieder mehr Zeit mit uns zu verbringen, und wenn er abends im Zoo noch eine Runde joggen ging, nahm er mich manchmal einfach mit. Er lief dann in aller Ruhe seine Runden und ich fuhr mit dem Fahrrad neben ihm her. Bei einer dieser gemeinsamen Sportrunden, an einem schönen Spätsommerabend im September, kam er mir irgendwie komisch vor. Normalerweise war er viel schneller als ich, an diesem Tag lief er erstaunlich langsam. Oder war ich heute nur besonders schnell? Dann, als ich nach einer scharfen Linkskurve mit Mühe an ihm vorbeistrampelte, sah ich, wie er sich immer wieder abwechselnd mit der Hand erst das eine und dann das andere Auge zuhielt. Ich dachte mir nichts weiter dabei, doch als wir später zuhause waren, offenbarte er meiner Mutter, dass er schon seit ein paar Tagen Doppelbilder sah. An der Art, wie er mit meiner Mutter darüber sprach, merkte ich ihm zwar an, dass es ihn beunruhigte, trotzdem oder grade deswegen verhielt er sich aber betont locker. Meine

Eltern schickten mich ins Kinderzimmer, doch auch von dort konnte ich hören, wie meine Mutter auf ihn einredete: „Jörg, mit so etwas ist nicht zu spaßen. Du musst dich so schnell wie möglich untersuchen lassen!“ Schon am nächsten Tag besorgte sie ihm einen Termin in der Arztpraxis, in der sie zu der damaligen Zeit als Sprechstundenhilfe angestellt war. Er musste einige Untersuchungen und ein MRT über sich ergehen lassen. Als er mit dem Befund nach Hause kam, überreichte er meiner Mutter einen Umschlag und sagte mit versteinertem Gesicht: „Da ist etwas, was da nicht hingehört.“

Meine Mutter schluckte und schaute sich die Bilder an. Sie kannte derartige Krankheitsverläufe von ihrer täglichen Arbeit und wusste nur zu gut, wie heikel die Situation war. Der Tumor saß am Hinterkopf und drückte auf den Sehnerv, weswegen mein Vater die Doppelbilder sah. Die Ärzte rieten, ihn so schnell wie möglich entfernen zu lassen, auch wenn die OP ein komplizierter Eingriff am Kopf sein würde. Mein Vater war erst knapp über 30 und durch den vielen Sport, den er machte, körperlich sehr fit, weshalb sie ihm gute Heilungschancen ausrechneten.

Bereits zwei Wochen später unterzog er sich in Greifswald in einer Klinik, die mit solchen Operationen Erfahrung hatte, dem Eingriff. Kurz vor der OP sagte er trocken zu meiner Mutter: „Dann sollen die mir das Ding da eben jetzt rausschneiden.“

Die Krankheit war für die ganze Familie ein Schock und versetzte uns in eine komplette Ausnahmesituation. Wieder sprangen meine Großeltern ein und taten alles, was sie nur konnten, um die Zeit für uns ein bisschen leichter zu machen. Der Alltag lief für uns Kinder relativ normal weiter und viele Erinnerungen an diese Zeit sind bei mir verschwommen.

An den Tag der OP erinnere ich mich jedoch noch ganz genau. Draußen stürmte es wie wild, fast so stark wie damals, als der Baum vor dem Haus umkippte. Und ähnlich wild waren wohl auch die Gefühle, die meine Mutter an dem Tag hatte. Noch nie hatte ich sie so aufgewühlt erlebt. Wie ein gefangenes Tier tigerte sie durch die Wohnung und kam einfach nicht zur Ruhe. Ganze acht Stunden dauerte die Operation und erst als am späten Abend endlich der erlösende Anruf aus der Klinik kam, beruhigte sie sich ein bisschen. Der operierende Arzt war sehr zufrieden und schenkte uns allen neue Hoffnung. Sie hatten den Tumor entfernen können und meinem Vater ein kleines Drainageröhrchen eingesetzt, das dazu diente, den Hirndruck konstant zu halten. Ich verstand nicht so richtig, was das bedeutete, aber das war ja auch egal, Hauptsache, mein Vater würde wieder ganz gesund werden!

Am nächsten Tag fuhr meine Mutter sofort ins Krankenhaus. Mein Vater hatte alles ganz gut überstanden und als der Befund der Gewebeproben bestätigte, dass der Tumor gutartig war, atmeten alle ein zweites Mal auf. Ein paar Tage später fuhren Lisa und ich mit nach Greifswald. Als ich das Krankenzimmer betrat, war ich schockiert. Aus meinem starken Beschützervater, Herrscher über die Elefanten und begeisterter Triathlet, war ein zusammengesunkener, kahlrasierter Kranker geworden, der so schwach war, dass er das Bett aus eigenen Kräften nicht verlassen konnte. Für einen Moment war ich so perplex, dass ich wie angewurzelt im Türrahmen stehenblieb. Dann nahm Lisa meine Hand und wir gingen zusammen zu ihm ans Bett. Ich streichelte vorsichtig seinen Arm mit den Kanülen und ein befremdliches Gefühl überkam mich. Nichts war mehr, wie es vorher war und mit Betreten des Krankenzimmers wurde mir das schlagartig bewusst.

Das hier war nicht mehr der Vater, den ich kannte, denn mein Papa roch nach Elefantenstall und nicht nach Desinfektionsmittel und Krankenhaus. Außerdem trug mein Papa im normalen Leben auch keinen kahlrasierten Kopf und keine Augenklappe. Wobei die Augenklappe auch ein bisschen piratenmäßig war und mir schon fast irgendwie gefiel.

Ach, es war einfach nur schrecklich, ihn so zu sehen und mein kleines Kinderherz bekam wie ein sturmgebeuteltes kleines Segelschiff von nun an ordentlich Schlagseite.

Es ging mir einfach nicht in den Kopf: Wie sollte denn etwas, das gutartig ist, so etwas Schlimmes mit meinem Vater anstellen?

Auch für ihn war es hart: Er spazierte als zumindest oberflächlich gesunder Mensch in die Klinik und wachte nach der OP als Pflegefall wieder auf. Und auch wenn die Ärzte Großartiges geleistet hatten, für ihn begann nun eine sehr schwierige Zeit.

„Denen kannst du alles erzählen, Papa“, sagte ich bei meinem nächsten Klinikbesuch und drückte meinem Vater ein kleines buntes Stoffsäckchen in die Hand. Darin waren ungefähr zehn winzige Sorgenpüppchen. Sie waren nur halb so groß wie handelsübliche Streichhölzer. Ich hatte zwei dieser Säckchen bei einer Veranstaltung in der Kirche geschenkt bekommen. Eins hatte ich selbst behalten, denn obwohl wir von unserer Mutter und von unseren Großeltern sehr gut umsorgt wurden, sah ich doch, wie bedrückt sie alle waren und wollte sie mit meinem Schmerz nicht belasten. Also teilte ich meine Sorgen des Nachts mit den kleinen Püppchen und zog danach den Sack so fest zu, dass sie so schnell nicht wieder herauskonnten.

Mein Vater freute sich über das bunte Mitbringsel, doch bevor er seine ganzen Sorgen hineinflüstern konnte, musste er erst wieder richtig sprechen lernen. Ähnlich war es mit dem Laufen.

Wenn wir bei ihm waren, halfen wir ihm manchmal, aus dem Bett aufzustehen, meine Mutter stützte ihn und er wankte wie ein alter zerbrechlicher Mann auf dem Gang umher. Stumm beobachtete ich seine wackeligen Gehversuche und fragte mich, wie er jemals wieder einem Elefanten gegenübertreten sollte. Ein Dickhäuter-Niesen hätte ihn ohne Weiteres umgepustet.

Trotz dieser Zweifel ermutigten wir ihn jeden Tag aufs Neue. Unzählige Zeichnungen von Lisa und mir zierten sein Krankenzimmer, meine Oma brachte ihm jedes Mal einen selbstgebackenen Kuchen mit, und unsere Mutter holte extra ihren Führerschein nach, um ihn so häufig zu besuchen, wie es nur eben ging. Manchmal versuchte er sogar, schon wieder ein bisschen zu scherzen, aber zum Lachen war irgendwie keinem von uns zumute.

Und wenn Humor nicht mehr half, dann konnten einen echten Norddeutschen nur noch abgeklärte, schlaue Bauernsprüche retten. „Nützt ja nix“ war so ein Spruch und so banal er klang, so viel Wahrheit steckte auch in ihm. Denn wie man die Situation auch drehte oder wendete: Es nützte nichts, irgendwie musste es weitergehen. Also nahm mein Vater all seine Kraft zusammen und machte alles brav mit, was die Ärzte ihm auftrugen.

Als er wieder halbwegs auf den Beinen war, fuhr er zur Reha und anschließend zur Bestrahlung nach Heidelberg. Dann kam er zurück nach Hause und als er wieder halbwegs auf dem Dampfer war, fing er ganz langsam wieder an zu arbeiten. Erst ein paar Stunden die Woche, bald schon halbe Tage und später stieg er Vollzeit wieder ein. Zu seinem großen Glück hatten die Elefanten nicht vergessen, wer er war, und respektierten ihn trotz meiner Befürchtung, sie würden ihn einfach wie einen Grashalm im Wind umpusten.

Als nach ungefähr einem Jahr alles halbwegs überstanden schien, war ich mächtig stolz auf meinen Vater und darauf, dass er nicht nur über eine Herde Elefanten das Sagen hatte, sondern auch einen Tumor erfolgreich besiegen konnte. Außerdem mochte ich das kleine Feature, dass die OP hinterlassen hatte, denn er konnte neuerdings mit einem Auge geradeaus und mit dem anderen zur Seite gucken. Ich fand das verdammt cool und gab auch manchmal vor meinen Freunden damit an. Ich sah darin heimlich meine Vermutung bestätigt, dass er, nach allem, was passiert war, wohl so eine Art Superheld sein musste.

Gleichzeitig hatte er etwas von seiner Leichtigkeit eingebüßt. Der Kampf gegen den Tumor hatte sichtlich Spuren hinterlassen und zu seiner zwar immer noch sehr humorvollen Art gesellte sich eine Ernsthaftigkeit, die wir nicht von ihm kannten. Sein ansteckendes Lachen fehlte uns, und oft wirkte er irgendwie lethargisch und abwesend. Trotzdem erinnere ich mich nicht daran, ihn je verzweifelt gesehen zu haben. Nie schimpfte er wütend über seine Situation, nie sahen wir ihn weinen. Seinen Schmerz und seinen Kummer machte er mit sich aus. Und vielleicht mit den kleinen Sorgenpüppchen, die ich ihm geschenkt hatte.

Er fing auch wieder an, seine geliebten Abenteuerromane zu lesen und in einem entdeckte er den Spruch „Abbrechen ja, aufgeben niemals". Das wurde sein neues Motto und immer wenn es zur Situation passte, holte er es halb ernst, halb augenzwinkernd aus seiner Sprüchekiste hervor und spielte damit Ängste und Unsicherheiten gekonnt herunter. Später erzählte meine Mutter mir, dass es etliche Situationen gab, in denen er fast in Selbstmitleid zerflossen wäre und am liebsten das Handtuch geworfen hätte. Doch nicht nur mein Vater war müde von all dem Unglück, meine Mutter war es genauso. Sie arbeitete Vollzeit, hatte zwei kleine Kinder zu versorgen und einen kranken Mann. Für Selbstmitleid war da wenig Platz. Also richtete sie ihn wieder auf, trat ihm mit einem Fuß kräftig in den Hintern und schob mit dem anderen seine Zweifel einfach beiseite.

Als er körperlich halbwegs fit war, begann er wieder Sport zu treiben und irgendwann drehten mein Vater und ich in der roten Abendsonne erneut unsere Runden durch den Zoo. Wenn ich nun hinter ihm fuhr, schaute ich manchmal auf die Stelle, wo die Ärzte seinen Kopf aufgeschnitten hatten. Lange war sie kahl und es wuchsen keine Haare auf der Narbe. Später kamen dann doch wieder Haare nach, aber sie waren grau.

Weil unser Vater so lange abwesend war, geriet der Zoo für Lisa und mich ein bisschen in den Hintergrund. Nur noch selten gingen wir zu den Elefanten, spielten im Heu oder besuchten Achim, die platte und glitschige Schildkröte. Warum auch? Unser Vater war ja nicht da.

Außerdem hatte ich mehr und mehr mit meinen eigenen, aber auch mit den vorpubertären Problemen meiner Schwester zu tun, denn wir teilten uns ja immer noch ein Zimmer. Das Free-Willy-Poster verschwand und wurde von Lisa durch Bilder von schmierigen Boygroups ersetzt. Bald schon kleisterte sie unser ganzes Zimmer damit voll. Ich hasste es, wie die Postergesichter mich grinsend anstarrten, und zog mich meist in meine Doppelstockhöhle zurück und spielte mit dem Gameboy, den ich mir von meinem hart ersparten Taschengeld gekauft hatte. Ich spielte Tetris, Schlümpfe und Super Mario und wie in den Spielen war es dann auch im echten Leben: Wenn man glaubt, das Gröbste ist überstanden, dann kommt es erst richtig dicke.

Und so mussten wir die schmerzhafte Erfahrung machen, dass der Tumor im Kopf meines Vaters zwar wegoperiert werden konnte, die Gefühle, die er in der Zeit für Ulrike, eine gute Freundin meiner Mutter, entwickelt hatte, jedoch nicht. Er hatte sich in sie verliebt und eine Affäre angefangen.

Nachdem unsere Mutter davon erfahren hatte, wurden die herrlichen Dschungelgeräusche, die aus dem Zoo kamen, von dem allabendlichen Streiten unserer Eltern übertönt. Irgendwann wussten Lisa und ich zwar über die ganze Sache Bescheid, was nicht bedeutete, dass wir sie verstanden, und so waren wir von nun an in etwas gefangen, für das wir sehr lange keine Worte fanden.

Im Sommer 1997, kurz vor meinem neunten Geburtstag, sattelten wir die Fahrräder und machten einen letzten gemeinsamen Familienurlaub nach Schweden, diesmal jedoch nicht in den Zoo. Unsere Eltern wollten stattdessen anscheinend irgendwie versuchen, auf Drahteseln strampelnd ihre Beziehung zu retten. Leider hatten wir großes Pech mit dem Wetter und ein zermürbender, nasskalter Gegenwind machte uns zu schaffen. Lisa fluchte ununterbrochen, ich trat so kräftig in die Pedale, dass ich schon nach den ersten Kilometern kaum noch Luft bekam, und unsere Eltern stritten lautstark gegen den Wind an. Der Wind brüllte zurück und als wir endlich in unserer Unterkunft, einem kleinen Leuchtturmwärterhäuschen ankamen, glaubte niemand mehr so richtig an eine Versöhnung. Zum krönenden Abschluss des Urlaubs rammte die Fähre bei ihrer Einfahrt in den Rostocker Hafen einen Pfeiler und genau dort, wo vorher unsere Fahrräder standen, war nun ein Loch so groß wie ein Dreitonner.

Zu dieser Zeit bekamen wir dann Gina. Die kleine, sehr eigensinnige Beagle-Dame sollte uns ablenken. Wir stellten ihr ein kleines Körbchen in unser Zimmer, doch wenn ich morgens aufwachte, fand ich sie meist am Fußende meines Bettes wieder und freute mich über die warmen Füße, die ich dadurch bekam. Lisa liebte es, lange Spaziergänge mit ihr zu machen und ich genoss es, das Zimmer dann mal für mich zu haben. So richtig zur Ruhe sollten wir aber nicht kommen. Denn schon bald riss die Trennung meiner Eltern ein ähnlich großes Loch in mein Herz, wie Rostocker Kaimauer in die Fähre.

ZECKEN

Ulrike, die neue Frau an der Seite meines Vaters, war eine langjährige Freundin der Familie und sie, ihr Mann und ihre beiden Töchter waren oft bei uns zu Besuch gewesen. Wir Kinder saßen dann stundenlang kichernd im Kinderzimmer, spielten mit unseren Barbies und dachten uns Geschichten aus. Manchmal stellten wir uns vor, wie es wäre, wenn wir alle Schwestern wären, doch als aus kindlicher Fantasie und albernen Spielereien plötzlich Ernst wurde, brach für mich eine Welt zusammen.

Die Entscheidung meines Vaters für Ulrike war gleichzeitig eine Entscheidung gegen uns, auch wenn er alles dafür getan hätte, das zu vermeiden. Da die Wohnung beim Zoo eine Betriebswohnung war, suchte meine Mutter für uns eine neue Bleibe. Schon bald wurde sie fündig und drei Jahre nach der Tumor-Diagnose zog sie mit uns in ein Mehrfamilienhaus ganz in der Nähe. Zu meiner großen Enttäuschung mussten Lisa und ich uns auch hier ein Zimmer teilen, und so fand zwar sprichwörtlich ein Tapetenwechsel statt, die Boygroup-Poster an der Wand und auch die Streitereien darüber blieben aber dieselben.

In der Wohnung im Zoo hingegen änderte sich einiges. Unser Vater blieb allein zurück und dementsprechend sah die Wohnung auch aus. Wobei ganz allein war er nicht, denn Max und Moritz blieben ebenfalls dort. Trotz (oder grade auf Grund) ihrer unüberbrückbaren Sprachbarriere hatte ihre harmonische Nagersymbiose sogar die Ehe unserer Eltern überdauert. Respekt! In ihrem gemütlichen Verschlag auf dem Balkon bekamen sie nicht mit, wie aus der gemütlichen Familienwohnung eine kahle Singlewohnung wurde. Der Tumor meines Vaters war wie ein Meteorit in die Beziehung meiner Eltern und damit auch in unsere alte Wohnung eingeschlagen. Es schien, als hätte meine Mutter alle Gemütlichkeit und Wärme einfach in Umzugskisten gepackt und mitgenommen. Wenn ich nun dort war, kam mir alles kahl und verlassen vor.

Die meisten Spielsachen hatten wir mitgenommen und dort, wo vorher unser Doppelstockbett stand, war nun ein großes Hochbett, in dem Lisa und ich nebeneinanderschliefen, wenn wir dort waren. Da mein Vater von der pragmatischen Sorte war, richtete er alles eher praktisch ein. Seine beachtliche Elefantensammlung glotzte zwar noch staubig aus dem großen Wohnzimmerregal auf uns herab, auf jeden anderen Schnickschnack wurde jedoch verzichtet.

Waren wir zum Mittagessen da, gab es entweder Nudeln oder herrlich käsige Sandwiches aus Vatis neuester Errungenschaft, einem Sandwichmaker. Auch wenn ich heute immer noch sehr großer Sandwichfan bin, fand ich das damals alles total doof und verstand einfach nicht, was das sollte. Es war, als hätte jemand meine Welt komplett einfach auf links gekrempelt und nun sollte ich eben damit klarkommen.

Da wir Gina mit in die neue Wohnung genommen hatten, holte sich mein Vater kurz nach unserem Auszug zwei Huskys – Arco und Raja –, denen er zwar draußen im Hof einen Zwinger baute, die sich aber trotzdem abends sabbernd im Flur breit machten. Sie brauchten unheimlich viel Auslauf. Kam mein Vater von der Arbeit nach Hause, machte er wieder nur eine kurze Pause, trank einen Tee, fuhr einmal mit dem Rollgriff in die Keksdose und marschierte mit ihnen los. Manchmal ließ er sie ein paar Stunden allein. Dann machte er das Radio an. „Und später erzählt ihr mir alles“, sagte er, stellte ihnen noch einmal frisches Wasser hin und verließ die Wohnung.

Ich mochte die Huskys zwar, aber nachdem ich einmal hatte miterleben müssen, wie die beiden schönen Schneehunde zu fiesen Killermaschinen mutierten, hielt ich mich weitestgehend von ihnen fern. Wir besuchten eine Freundin meines Vater, die in einem alten Landhaus lebte. Ich war ungefähr fünfzehn und hatte meinen ersten Freund dabei. „Könnt ihr mal kurz ein Auge auf Arco und Raja haben?“, fragte mein Vater.

„Wir gehen nur mal kurz rüber zum Nachbarn. Er ist doch Imker und ich will ein paar Gläser Honig mitnehmen.“ „Klar!“, sagte ich und streichelte Arco über den Kopf. Da die Hunde angeleint waren, kümmerte ich mich nicht weiter um sie und setzte mich mit meinem Freund auf eine kleine Bank vor dem alten Bauernhaus. Erst als ich lautes Knurren und Kämpfen hörte, eilte ich rüber. Doch da war es schon zu spät. Vor den Hunden lag ein totes Babykätzchen, dass sich anscheinend ein bisschen zu dicht an sie herangetraut hatte. Als die Freundin meines Vaters sah, was die Huskys angestellt hatten, schaute sie sich um und sagte trocken: „Wo hab ich denn zuletzt den Spaten gesehen?“ Mein Vater sagte gar nichts, doch die Situation war ihm sichtlich peinlich und wir reisten schnell wieder ab. Von da an jedenfalls wusste ich, wie unberechenbar die beiden Hunde waren und traute ihnen nicht mehr so richtig über den Weg.

Während ich also das Vertrauen in die zotteligen Mitbewohner meines Vaters immer mehr verlor, hatte sich Lisa entschieden, Hunde zu ihrer neuen Leidenschaft zu machen. Alle Größen, alle Rassen, Hauptsache vier Beine und eine kalte Schnauze. Sie fing an, Fachbücher zu lesen und wenn sie nicht mit Gina unterwegs war, half sie meinem Vater, seine Hunde zu erziehen. Gassigehen wurde zu ihrem Hobby und während ihre Klassenkameradinnen sich nachmittags trafen, um sich für die Disko aufzuhübschen, spazierte sie genüsslich durch den Wald und traf sich dort mit Freunden, die auch Hunde hatten.

Mir hingegen missfielen die Huskys nicht nur, weil sie immer eine Nummer zu stürmisch waren, sondern auch, weil sie krabbelige Mitbewohner in die Wohnung schleppten. Mir stellen sich heute noch die Haare auf, wenn ich nur daran denke. In ihrem dichten Fell konnte man Zecken nie rechtzeitig finden und entfernen. Und so saugten sich die Spinnentiere mit so viel Blut voll, wie es eben ging, und ließen sich dann einfach fallen. Dick und prall lagen sie dann im Flur und schliefen dort selig ihren Blutrausch aus. Mein Vater – seiner Zeit überzeugter Blutspender und Träger der goldenen Blutspendernadel – störte sich nicht weiter an den kleinen Parasiten. Mir aber reichte es endgültig. Bei Zecken hörte die Freundschaft auf. Und auch wenn es etwas absurd und wie ein vorgeschobener Grund klingen mag, so brachte dieses tropfengroße Detail mein inneres Toleranzfass zum Überlaufen und meine Besuche im Zoo wurden immer seltener.

Lisa hingegen liebte den Zoo so sehr, dass sie mit 16 die Schule beendete, dort eine Ausbildung als Tierpflegerin anfing und ganz zu unserem Vater zog. Ich weiß noch, wie ich nach Hause kam und ihre Seite vom Zimmer plötzlich leer war. Erst war ich erleichtert und freute mich, endlich ein eigenes Zimmer zu haben, doch schon wenig später vermisste ich sie. Es war der Beginn einer wunderbaren Freundschaft, denn endlich hatten wir den nötigen Abstand, um zu erkennen, dass der andere gar nicht so blöd war, wie wir all die Jahre gedacht hatten.

Von nun an hatte jeder von uns ein Elternteil für sich. Und da die beiden sich eigentlich nur stritten, wenn sie aufeinandertrafen, entfernte ich mich aus Solidarität meiner Mutter gegenüber sicherheitshalber von meinem Vater.

Er war dennoch immer zur Stelle, wenn ich ihn brauchte. Hatte ich zum Beispiel eine schlechte Note kassiert oder auf dem Pausenhof Mist gebaut, genügte ein Anruf, und schon stand er vor unserer Tür und unterschrieb heimlich im Keller meine Einträge und die schlechten Noten.

Aber auch wenn wir manchmal zu Verbündeten wurden, verloren wir uns in dieser Zeit irgendwie. Mit Lisa teilte er die große Leidenschaft für Tiere und alles, was mit Zoo zu tun hatte, ich konnte da einfach nicht mithalten. Was uns blieb, war das Reisen, denn das mochten wir beide gerne. Als ich 16 war, fuhren wir erneut nach Schweden. Diesmal ohne Fahrräder und ohne den Rest der Familie, nur mein Vater und ich. Endlich hatten wir mal wieder Zeit für uns. Natürlich gingen wir auch einen Tag in den Zoo und ich ritt auf einem Kamel, während mein Vater sich stundenlang mit einem befreundeten Pfleger unterhielt. Die restlichen Tage bummelten wir durch Stockholm und schlugen uns die Bäuche mit Knäckebrot voll. Kurz war alles wieder beim Alten.

Als wir dann aber wieder Zuhause waren, traf mich ein Hammerschlag: Mein Vater und Ulrike offenbarten, dass sie ein Kind bekommen würden. Auch das noch! Es hörte einfach nicht auf. Ich war zutiefst enttäuscht, meinen Vater jetzt auch noch mit einem jüngeren Kind teilen zu müssen und nicht mehr das kleinste Püppchen in der Matroschka zu sein.

Als ich das kleine Kerlchen dann ein halbes Jahr später das erste Mal in den Armen hielt, war die Liebe jedoch größer als der Schmerz. Wenn jemand wirklich nichts für die verkackte Familiensituation konnte, dann der kleine Simon. Trotzdem entstand eine Kluft zwischen mir und meiner Familie und der zwischenmenschlichen Distanz folgte bald eine geografische. Um mir ein bisschen Geld nebenbei zu verdienen, passte ich zu der Zeit auf ein kleines Mädchen auf, und als sich ihre Familie entschied, nach Australien auszuwandern, boten sie mir an, sie zu begleiten. Ich wusste, das war meine Chance, denn ich wollte bloß weg von dem ganzen Durcheinander und ein wenig Abstand gewinnen.

Für meinen Vater war sofort klar, dass er mich dort besuchen würde. Auch Lisa kam mit und es war eine unvergessliche Reise für uns alle drei. Wir mieteten ein Auto und ließen uns durch die unendlichen Weiten Australiens treiben. Zusammen entdeckten wir eine neue Welt und ließen die alte für ein paar Wochen einfach hinter uns. Zuhause kamen die beiden mir oft fremd vor, in der Fremde aber konnte ich sie noch einmal neu kennenlernen und wir rückten wieder ein Stück näher zusammen.

Nach meiner Rückkehr stellte ich schnell fest: Zuhause klappte besser, wenn ich nicht dort war. Also zog ich weiter, studierte, machte Praktika im Ausland, flog erneut nach Australien, reiste durch Neuseeland, kam wieder zurück, kaufte mir ein altes Wohnmobil, gab meine Wohnung auf und machte die Leinen los. Und gerade, als ich mich müde vom Reisen und von all dem Unterwegssein in Leipzig häuslich niederlassen wollte, passierte etwas, das mir zeigte, dass Zuhause kein Ort ist, sondern ein Gefühl, das ganz tief in unserem Herzen sitzt.

EUROPA MIT DEM RAD

„Ein, zwei Schrauben müssen da noch mal nachgezogen werden. Keine große Sache!“, sagte mein Vater am Telefon. Die Drainage sei verrutscht und müsse nun gerichtet werden, damit sich das Hirnwasser nicht staute.

Es war im Oktober 2016 und er erzählte von einer bevorstehenden Operation. Ich war ein bisschen überrascht und in Sorge, aber wie immer schaffte er es mit seinem Humor, die Sache herunterzuspielen und ihr so die Schwere zu nehmen. Trotzdem war mir klar, dass jeder noch so kleine Eingriff am Kopf ein großes Risiko bedeutete.

Wir verabschiedeten uns, ich sprach noch kurz mit meiner Schwester und bat sie, mich nach der Operation sofort anzurufen. Dann widmete ich mich wieder meiner Arbeit. Ich war ein Jahr zuvor nach Leipzig gezogen, um dort meinen Master zu machen, und wollte mit dem Schreiben meiner Abschlussarbeit beginnen. Doch das Leben stellte mich vor eine andere Prüfung.

Wieder kam die Nachricht über das Telefon: „Papa ist noch ganz schön durch den Wind, hat die OP aber ganz gut überstanden“, sagte meine Schwester und räusperte sich. „Nur…“, sie räusperte sich erneut. „Da sind noch irgendwelche Schatten auf den Bildern, von denen man nicht weiß, was das ist." Ich schloss die Augen, holte tief Luft und fragte irritiert: „Was denn für Schatten?" Einen quälenden Moment zu lang war es still am anderen Ende der Leitung, dann antwortete Lisa: „Das wissen die Ärzte auch nicht. Die müssen ihn wohl in ein paar Tagen noch mal operieren und Gewebeproben nehmen. Nur anhand der Bilder können die nicht erkennen, was das für Schatten sind."

Ich ließ alles stehen und liegen und entschied mich sofort, nach Rostock zu fahren. Erst fuhr ich mit dem Auto, doch das Tränengewitter hielt sich nicht an den gesetzlich vorgeschriebenen Mindestabstand und da Augen keine Scheibenwischer haben, ließ ich das Auto lieber stehen und fuhr mit dem Bus weiter. Die Vorstellung, dass mein Vater erneut ernsthaft krank sein könnte, war für mich kaum zu ertragen.

Früh morgens stieg ich in den Bus und setzte mich ganz nach vorne hinter den Fahrer. Und als wäre das alles nicht schon schlimm genug gewesen, bekam ich durch das laut aufgedrehte Radio auch noch mit, wie zwischen den besten Hits der 80er, 90er und dem Besten von heute Donald Trump zum Präsidenten der USA gewählt wurde. Ich setzte mir Kopfhörer auf und dachte, das konnte doch alles nicht wahr sein. Ich war in einem Alptraum gefangen.

In Rostock holte Lisa mich vom Bahnhof ab. Wir gingen zum Bäcker und kauften unserem Vater eine Leipziger Lerche, ein kleiner Kuchen, den er besonders gerne mochte.

Als ich sein Krankenzimmer betrat, saß er vergnügt im Bett, kaute an seinem Abendbrot herum und freute sich, mich zu sehen. Ich setzte mich zu ihm auf die Bettkante und legte die Papiertüte mit dem Kuchen neben mich. Es fühlte sich an, als hätte jemand die Zeit zurückgedreht. Seine erste Erkrankung war fast auf den Tag genau 21 Jahre her. Doch nun war ich erwachsen und das kleine Säckchen mit den Sorgenpüppchen lag schon lange nicht mehr unter meinem Kopfkissen.

Ich überreichte den Kuchen und wir plauderten ein bisschen. Dass er nicht so ganz auf der Höhe war, wusste ich ja von meiner Schwester, aber erst als ich selbst mit ihm sprach, spürte ich das ganze Ausmaß. Aus dem Nichts fing er an, von fremden Orten zu erzählen und war der festen Überzeugung, dass er heute Morgen doch noch ganz woanders gewesen war. Erst dachte ich, er scherzt, doch er sagte es mit einer Ernsthaftigkeit, die auf keinen Fall gespielt war.

Ich war irritiert, ließ mir jedoch erstmal nichts anmerken. Dann erzählte er von einer Party und fast ein bisschen stolz fügte er hinzu: „Präsident Trump war auch da."

Jetzt wurde ich hellhörig und grätschte dazwischen: „Also Papa, du würdest doch auf keine Party von Donald Trump gehen."

Er blinzelte mich verlegen an und sagte: „Wenn die Party gut ist."

Dann zuckte er mit den Schultern und biss genussvoll in seine kleine Lerche. Fassungslos schaute ich rüber zu meiner Schwester, die auf einem Stuhl am Fenster saß, doch sie schaute genauso ratlos aus der Wäsche, wie ich es wohl tat. Aus dem Augenwinkel musterte ich das Gesicht meines

Vaters genauer. Er sah aus wie ein paar Wochen zuvor, als ich ihn besucht hatte, er war dieselbe Person, doch etwas in seinem Wesen hatte sich verändert.

Abends schrieb er mir eine SMS. „Schön, dass du da warst." Noch heute liegt das alte Handy, auf dem die Nachricht gespeichert ist, in meiner Schublade. Es sollte die letzte SMS sein, die ich von meinem Vater bekam.

Ich bezog eins der beiden Dachzimmer, die mein Vater irgendwann zu der Dreizimmerwohnung im Zoo dazu gemietet hatte. Sie dienten hauptsächlich als Abstellkammer und alles war staubig und vollgestellt. Von einem der kleinen Dachfenster aus konnte ich auf unsere Kastanie schauen, unter der wir damals so viel gespielt hatten, und sie erschien mir plötzlich ganz mickrig. Und auch unten in der Wohnung kam mir alles so unheimlich fremd vor.

Mein kleiner Bruder war inzwischen ungefähr so alt wie ich es gewesen war, als unser Vater seine erste Tumordiagnose erhielt. Er wohnte in dem Zimmer, das ich mir als Kind mit Lisa hatte teilen müssen, und dort, wo früher Free Willy und dann später die Backstreet Boys gehangen hatten, triumphierten nun Harry Potter und verschwitzte Fußballer in siegessicherer Pose von der Wand. Außer der Elefantensammlung und ein paar verstaubten Abenteuerromanen erinnerte weniges an mein altbekanntes Zuhause im Zoo.

Ein trauriges Gefühl überkam mich. Wie konnte es sein, dass ich mich in der Fremde zuhause fühlte und zuhause fremd? Als ich den Küchenschrank öffnete, fiel mir eine alte Dose in die Hände. Ich machte den Deckel ab, steckte meine Nase hinein und stellte freudig fest, dass sie noch den gleichen Inhalt hatte wie früher: Zimt und Zucker. Durch den Geruch wurde eine Erinnerung lebendig. Setzten wir als Kinder gerade eine neue Mischung an, nahm unser Vater die Dose und tat so als würde sie völlig außer Kontrolle geraten. Er schüttele sich am ganzen Körper, tobte mit ihr von der einen Seite der Küche zur anderen und tat so, als könnte er sie nur grade so halten. Wie ein kleiner Windhauch huschte ein mildes Lächeln über mein Gesicht. Dann machte ich den Deckel wieder zu. Auch im Kopf meines Vaters schien alles durcheinandergeraten zu sein, vermischt wie Zimt und Zucker.

Ich überlegte, womit ich ihm eine Freude machen könnte, und entschied mich, in der Innenstadt ein Buch zu kaufen. Es war ein räudig kalter Tag und der Regen peitschte typisch norddeutsch von allen Seiten. Als ich den Buchladen betrat, pustete mir ein trockener Luftstrom die Kapuze vom Kopf. Ich kämpfte mich vorbei an dämlichen Sprüchekarten und maritimen Geschenkartikeln in Richtung Reiseabteilung, wo ich einen Fahrradreiseführer ergattern wollte. Ein großer Traum meines Vaters war es nämlich, einmal mit dem Fahrrad die Ostsee zu umrunden. „Jörg, du hast noch was vor", wollte ich sagen und ihm das Buch überreichen. „Mach keinen Scheiß jetzt!"

In Gedanken sah ich uns nach seiner vollständigen Genesung bei einem Glas Wein zusammensitzen und die erste Etappe planen. Wenn es sein musste, würde ich auch mein Studium dafür aufgeben. Alles egal!

Ich wühlte mich durch das große Angebot der Reiseabteilung, fand aber leider nicht, wonach ich suchte. „Entschuldigung“, fragte ich eine der Verkäuferinnen. „Ich würde mit meinem Vater gerne die Ostsee umrunden. Also mit dem Fahrrad. Und ich suche einen passenden Reiseführer. Haben Sie so etwas da?“

Ich klammerte mich an diese Worte wie Astrid Lindgrens Madita an den Regenschirm, mit dem sie in der gleichnamigen Geschichte vom Dach springt. Ich sagte sie so bestimmt, wie es nur ging, sonst würde mir die Verkäuferin vielleicht nicht glauben. Oder noch schlimmer: Ich würde selbst den Glauben an die Möglichkeit dieser Reise verlieren, und dann wäre der Aufprall auf den Boden der Tatsachen um einiges schmerzhafter als Madita's Sturzflug.

„Abbrechen ja, aufgeben niemals“, dachte ich mantraartig und boxte so alle Zweifel einfach beiseite.

Die Verkäuferin durchsuchte das Regal mit der Aufschrift „Fahrradreisen“, zog dann ein Buch mit dem Titel „Europa mit dem Rad“ heraus und sagte: „Tut mir leid, wir haben momentan nur dieses hier.“

Ich bedankte mich und blätterte darin: Portugal, Spanien, Schweden, Norwegen – „Think big“, sagte ich mir und kaufte es.

Als ich damit das Krankenzimmer meines Vaters betrat, saß er im Bett und schaute Fernsehen. Ich schaltete den Bildschirm, der direkt an seinem Bett befestigt war, aus, schob ihn beiseite und gab meinem Vater das Buch. Er freute sich sehr, schaute hinein und fing an zu erzählen, wo er überall schon mit dem Fahrrad gewesen war: „In Spanien war ich schon und gestern erst in Nürnberg." Das meinte er völlig ernst.

Abends sprach ich mit meiner Schwester über meinen Besuch und auch sie war beunruhigt. Die Ärzte versicherten uns zwar, dass eine leichte Verwirrung nach so einer Operation am Kopf völlig normal sei und sich mit den Tagen legen würde, doch es wurde von Tag zu Tag schlimmer. Mein Vater wurde immer orientierungsloser und wusste bald überhaupt nicht mehr, wo er war.

Einmal rief er meine Schwester aus dem Krankenhaus an und sagte, er hätte sich im Portcenter verlaufen, ob sie ihn abholen könne. Das Portcenter war ein Einkaufszentrum gewesen, das sich auf einem großen Schiff im Hafen befand und konsumhungrigen Ossis in den Neunzigern das Einkaufen noch schmackhafter machen sollte. Es existierte allerdings schon viele Jahre nicht mehr und ich wunderte mich, wie sich das durcheinandergeratene Gehirn meines Vaters so etwas hatte ausdenken können.

Ein paar Tage später stand die zweite Operation an, die zeigen sollte, was sich hinter den Schatten auf den Bildern verbarg. Dank seiner körperlichen Fitness überstand mein Vater auch diesen zweiten Eingriff relativ gut. Er kam wieder halbwegs zu Kräften, doch seine Verwirrtheit blieb unverändert.

Am Tag, als die Ergebnisse kommen sollten, war die Anspannung kaum zu ertragen. Ich versuchte, mich mit meiner Masterarbeit abzulenken, und war in die Bibliothek gegangen. Ständig schaute ich auf mein Handy und irgendwann kam dann eine SMS von Ulrike, in der sie mich bat, zum Zoo zu kommen. Als ich an der Haltestelle im Wald aus der Straßenbahn ausstieg, sah ich sie und meine Schwester schon vor dem grünen Tor stehen. Mit gesenktem Kopf und verdrehtem Magen ging ich an den Damhirschen vorbei und begrüßte beide mit einer festen Umarmung.

So dunkel und kalt hatte ich den Wald noch nie wahrgenommen. Es stürmte und neben uns knarzte ein alter Baum, in dem das Schild „Achtung Tollwutgefahr“ vom Wind hin und her geschaukelt wurde. Es hing dort, weil mein Vater vor über zwanzig Jahren mal Kontakt mit einer Fledermaus hatte, die tatsächlich mit dem tödlichen Virus infiziert gewesen war. Er konnte zum Glück rechtzeitig behandelt werden, und nie wieder gab es in unserem Umkreis Fälle von Tollwut, doch das Schild blieb hängen und tut es bis zum heutigen Tag.

Ich vergrub meine Hände tief in den Taschen und musterte Ulrike aus dem Augenwinkel. Sie war vollkommen aufgelöst und brachte kaum über die Lippen, was sie uns sagen wollte. Doch dann presste sie mit bebender Stimme hervor: „Euer Papa wird nicht mehr gesund.“

SECOND PILOT OF THE UNIVERSE

Von nun an funktionierten wir, als wären wir kleine Roboter, die einfach in den Überlebensmodus geschaltet hatten. Ich pausierte mein Studium und Ulrike hörte auf zu arbeiten, um Jörg von nun an Zuhause zu betreuen. Die kleine Wohnung im Zoo füllte sich mit unendlich viel Zeug, das das Leben meines Vaters vereinfachen sollte. Er bekam ein Krankenbett, verschiedene Rollstühle und sogar einen Treppenlift, der helfen sollte, ihn im Rollstuhl die Treppen herunterzubugsieren. Das war schwieriger als gedacht, und zum ersten Mal fiel mir auf, was für ein großer, kräftiger Mann mein Vater war.

In den ersten Tagen konnte er sich noch relativ normal durch die kleine Wohnung bewegen. Der Flur war so eng, dass er sich seitlich am großen Schuhregal festhalten konnte, wenn er auf die Toilette musste. Ihn irritierte sehr, dass er nicht zur Arbeit musste. „Du hast Urlaub, Jörg", beruhigten wir ihn immer wieder.

„Ach so, Urlaub", sagte er dann nachdenklich, nur um ein paar Minuten später erneut nach seiner Arbeit zu fragen.

Wir wussten überhaupt nicht, wie wir mit ihm umgehen sollten, denn eigentlich wollten wir ihn nicht anlügen. Aber was sollten wir machen? Ihm sagen, dass eingetreten war, wovor er die letzten einundzwanzig Jahre Angst hatte? Ihm sagen, dass er einen bösartigen Tumor in seinem Kopf hatte, gegen den man nichts tun konnte? Ihm sagen, dass er *nie wieder* arbeiten gehen würde?

Das schien uns nicht der richtige Weg zu sein. Also entschieden wir uns für die sanfte Tour und wenn er sagte: „Ich geh jetzt mal mit den Hunden", versicherten wir ihm, dass wir das doch schon längst erledigt hatten. Es war, als würde in seinem Kopf immer wieder die gleiche Platte laufen, und alle Songs hatten einen Rhythmus, der Pflichtbewusstsein hieß. Er wollte zur Arbeit, mit den Hunden spazieren gehen, Simon vom Fußball abholen oder sich um Oskar, den kleinen Sohn meiner Schwester, kümmern.

Wenn wir früher irgendwo warten mussten oder uns einfach langweilten, spielten wir oft „Ich sehe was, was du nicht siehst", doch als mein Vater anfing, tatsächlich Dinge zu sehen, die nur er sehen konnte, wurde es gruselig. Einmal saß ich mit ihm in der Küche und er kniff immer wieder die Augen zusammen und schaute ins Wohnzimmer. „Da sitzt doch Oskar", sagte er, fest davon überzeugt, wir müssten uns um ihn kümmern. Mir lief es kalt den Rücken runter und ich wusste nicht, was ich noch sagen sollte.

Neben diesen Momenten, in denen seine geistige Umnachtung so stark war, dass wir uns fürchteten, merkten wir vor allem an den kleinen Verhaltensweisen, dass etwas anders war. Zum Beispiel hatte er, was das Essen angeht, immer ein sehr gesundes Maß gehabt. Selten hatte er über die Stränge geschlagen und mehr gegessen, als er Hunger hatte. Doch nun plagte ihn ein unstillbares Verlangen, und so kam es vor, dass er nach einer doppelten Portion Nudeln plötzlich in die Runde fragte: „Und was gibt es heute zum Mittag? Ich hab ja den ganzen Tag noch nichts gegessen!"

Ganz selbstverständlich und ohne jede Scham bediente er sich außerdem gerne an den Tellern von anderen Familienmitgliedern, die mit am Tisch saßen. Seinen geliebten Rollgriff konnte er leider nicht mehr so problemlos ausführen, denn wie wir mit der Zeit feststellten, ließ sein Sehvermögen immer weiter nach, und so verfehlte er mehrmals die großmütterliche Süßigkeitendose um einige Kekslängen.

Doch auch wenn wir oft nicht wussten, wie wir mit ihm umgehen sollten, so wussten wir eins sicher: Wir wollten auf keinen Fall, dass er sich unwohl, missverstanden oder bevormundet fühlte und taten alles, um ihn so sanft wie möglich in seiner bekannten Umgebung aufzufangen.

Wir sahen ihm dabei zu, wie die Kreise, die er zog, immer kleiner wurden und der Radius, in dem er sich bewegte, schrumpfte. Während der kleine Sohn meiner Schwester seine ersten Schritte machte, schaffte sein Opa es bald nicht mehr, sich alleine auf den Beinen zu halten. Wir mussten mit ansehen, wie sich sein Zustand immer weiter verschlechterte, und lernten schnell, nur noch von Tag zu Tag zu denken. An einem Montagabend im November, Ulrike war gerade mit den Hunden spazieren, saß ich alleine mit meinem Vater auf der Couch. Ich wusste, dass es das letzte Mal sein konnte, das wir so ungestört beisammensaßen, und wollte diesen kostbaren Moment mit jeder Faser meines Körpers aufsaugen. Doch je mehr ich mich darauf versteifte, den Moment festzuhalten, desto mehr entglitt er mir. „Hände, die halten, verlieren“, schoss es mir durch den Kopf und so musste ich an diesem Tag lernen loszulassen.

Ich holte tief Lust, kippte auf den Gedanken an die Endlichkeit einen großen Schluck Rotwein und fing an, mit ihm zu plaudern. So, als wäre es das Normalste der Welt und das war es ja auch. Auch mein Vater fing an zu erzählen, sprach über meine Mutter und sagte, dass er das alles damals so nicht gewollt hatte. Ich sagte ihm, dass wir das wüssten. Als ich dort so neben ihm auf der Couch saß, nahm ich es wohl noch gar nicht wahr, aber jetzt im Nachhinein weiß ich, dass ich ihm in diesem Moment, unter den Blicken der unzähligen Elefanten seiner Sammlung, verzieh.

Als er irgendwann müde war, half ich ihm aufzustehen und begleitete ihn ins Bad. Beim Zähneputzen stellte ich mich hinter ihn, um ihn zu stützen, und plötzlich kehrte sich etwas um. Wir standen da, wie wir es getan hatten, wenn ich als Kind mit nackten Füßen noch einmal hatte zurücktapsen müssen, weil mein Vater meinte, ich hätte nicht gründlich genug geputzt – nur dass ich nun hinten stand und er vorne. In genau diesem Spiegel hatte ich mir selbst dabei zugesehen, wie ich älter wurde. Nun musste ich meinem Vater dabei zusehen, wie er immer schwächer wurde.

Unsere Blicke trafen sich und er sagte ein bisschen wehleidig: „Jetzt kann ich nicht mal mehr alleine Zähneputzen.“

Mir schossen die Tränen in die Augen, doch dann riss ich mich zusammen und sagte aufmunternd: „Ach Quatsch, guck doch, du machst es ganz alleine. Ich steh ja nur hier, falls du Hilfe brauchst."

Ich beruhigte und ermutigte ihn, so wie er es früher bei mir getan hatte. Und so, wie er mir immer das Gefühl gegeben hatte, dass alles gut sei, gab ich es ihm nun zurück.

Ein paar Tage später bekam er heftige Krampfanfälle und musste zurück ins Krankenhaus auf die Intensivstation. Als es ihm wieder ein kleines bisschen besser ging, wurde er in eine Strahlenklinik verlegt, denn auch wenn es hoffnungslos erschien, wollten die Ärzte wenigstens versuchen, den Tumor ein bisschen einzudämmen.

Ich war zwischendurch wieder zurück nach Leipzig gefahren, um mich kurz auszuruhen. Wie ein kleiner Staubsaugerroboter musste ich zurück zu meiner Ladestation, um aufzutanken und mich zu rebooten. Doch nach nur wenigen Tagen verspürte ich eine so große Sehnsucht nach meinem Vater, dass ich wieder nach Rostock fuhr.

Während der langen Busreisen häkelte ich wie eine besessene Grannysquare-Kissenbezüge und webte meinen Schmerz in die weichen Fasern der Wolle. Masche für Masche häkelte ich die unzähligen kleine Kästchen, die eigentlich am Ende zu einem großen Bezug zusammengenäht werden. Da ich das jedoch nie tat, liegen sie immer noch einzeln im Beutel mit den vielen bunten Wollresten unter meinem Bett. Und ähnlich zusammenhangslos wie die kleinen Häkelkästchen sind auch die Erinnerungsfetzen, die ich an diese schlimme Zeit habe.

Einmal nickte ich mit der Häkelnadel in der Hand ein und träumte, dass jemand hinter mir herlief, mich anhielt und mir einen Rucksack zurückgab, den ich verloren hatte. Als ich aufwachte, wunderte ich mich, da ich sonst immer genau das Gegenteil träumte, nämlich, dass ich ein besonders wertvolles Gepäckstück verlor und alle Versuche, es wiederzubekommen, scheiterten. Ich dachte noch lange über den Traum und seine Bedeutung nach. Sollte er bedeuten, dass etwas lang Verlorengeglaubtes zu mir zurückgekommen war? Als ich mit meiner Mutter telefonierte, sagte sie, dass mir mein Vater immer sehr gefehlt hatte und dass wir uns nun wieder nah seien. Und es stimmte.

Ich fuhr direkt vom Bahnhof in die Strahlenklinik. Als ich das Zimmer meines Vaters betrat, war ich über seinen Zustand so schockiert, dass ich einen kleinen Kreislaufzusammenbruch erlitt. Er war fast nicht wiederzuerkennen, hatte mit schweren Nebenwirkungen der Bestrahlung zu kämpfen und redete so undeutlich vor sich hin, dass ich kaum etwas verstand. Schlimmer kann es nicht mehr werden, dachte ich und konnte nur mit großer Mühe die Fassung bewahren.

Doch dann passierte ein kleines Wunder. Er rappelte sich ein wenig auf und fing an, auf Englisch mit uns zu reden. Und obwohl er immer noch sehr undeutlich sprach, verstanden wir ihn so viel besser.

Zuerst konnten wir es nicht glauben, aber dann ließen wir uns darauf ein und merkten, dass dieser Teil seines Gehirns ausgezeichnet funktionierte. Er war so liebevoll und ausgeglichen, dass wir in manchem Momenten schlichtweg vergaßen, dass wir es mit einem todkranken Mann zu tun hatten. Kam der Chefarzt zur Visite, sagte mein Vater fröhlich: „Oh it's my best friend! Come sit with me." Kam ich ihn besuchen, strahlte er über das ganze Gesicht und sagte: „Oh it's my lovely daughter Tina", winkte mich zu sich ans Bett und hielt meine Hand so fest, wie er es noch nie zuvor getan hatte. Er lernte sogar noch neue Wörter dazu und selbst die Ärzte waren überrascht, denn so etwas hatten sie noch nie erlebt.

Nachdem die Bestrahlung abgeschlossen war, holten wir ihn wieder nach Hause. Wenn wir ihn nun fragten, wie es ihm ging und ob er irgendwas brauchte, dann sagte er häufig: „Something to drink maybe ... or something to eat and then go outside a little while."

Er war so liebevoll mit allen, es war wirklich ein großes Geschenk und obwohl er natürlich ganz viel Energie nahm, gab er mindestens genauso viel an uns zurück.

Als ich wieder einmal aus Leipzig kam, brachte ich einen tragbaren Plattenspieler mit, setzte mich zu ihm ans Bett und hörte mit ihm seine alten Schallplatten: Beatles, Simon and Garfunkle, Tracy Chapman und Peter Gabriel. Es gefiel ihm und ganz im Einklang mit der Musik sang er die Texte mit, an die er sich noch erinnerte. Abends hörten Ulrike und ich dann, wie er im Schlafzimmer lag und alleine vor sich hinsummte. Es war einer der schönsten Momente der ganzen letzten Wochen.

Zusammen mit einem großartigen Team der Palliativpflege versuchten wir alles, um ihm die Tage im Bett so schön wie möglich zu gestalten. Und weil mein Vater Zeit seines Lebens ein großer Komiker war, gehörten auch kleine Späße dazu.

Mit Hilfe eines Computerprogramms montierte ich sein Gesicht auf den Körper von Superman, rahmte es ein und stellte es ihm ans Bett. Er konnte leider nicht mehr so gut gucken, aber er kniff die Augen zusammen, erkannte sein Gesicht und zeigte mit dem Finger drauf. „Äh, when was it?", fragte er.

Ich konnte mir ein verschmitztes Kichern nicht verkneifen und antwortete: „Not long ago. It's a nice picture, isn't it?"

Er nickte zustimmend und schlürfte weiter seinen Kaffee. Manchmal lagen wir auch einfach schweigend da und lauschten den vertrauten Zoogeräuschen. Dem schrillen Tröten der Pfauen, dem metallischen Quietschen der Radlader und dem Rattern der kleinen Elektrotransporter, die die Pferdekutschen schon vor einer ganzen Zeit ersetzt hatten. Häufig lag mein Vater mit geschlossenen Augen da, aber ich sah genau, dass er wach war. Einmal fragte ich ihn: „Papa, was siehst du, wenn du die Augen zumachst?"

Ohne sie zu öffnen, antwortete er: „I'm the second pilot of the universe."

Wow, dachte ich, und wollte so gerne wissen, was in ihm gerade vorging.

Es waren die schwersten Wochen meines Lebens, doch gleichzeitig bereiteten sie mir so viele unverzichtbare Momente mit meinem Vater, dass ich eine große Dankbarkeit darüber empfinde, dass ich diese Zeit mit ihm erleben durfte. Ich versuchte, mich voll und ganz auf ihn einzulassen, staunte mit ihm über die kleinen Dingen und zelebrierte den Moment, so gut es eben ging. Und so lernte ich von meinem todkranken Vater, was es heißt, am Leben zu sein.

Notizen aus meinem Tagebuch

Tagebucheintrag 5.12.2016

Papa war ein bisschen verärgert, weil er das Gefühl hatte, wir bevormunden ihn. Aber dann hab ich ihm erklärt, dass es vielleicht auch genau anderes herum ist: Vielleicht sind alle anderen geistig verwirrt und nur er sieht richtig durch. „Könnte auch sein“, hat er nachdenklich erwidert.

Tagebucheintrag 24.12.2016

Papa ist jetzt zuhause und das ist total schön. Er ist ganz kuschelig und erzählt sehr viel auf Englisch. Außerdem hat er mir gesagt, wie sehr er mich liebt und dass er mich immer beschützen wird. Und er hat von einer Tür erzählt, hinter der Frieden ist. Und ich hab ihn gefragt, ob er bald woanders hingehen wird und er hat „Ja“ gesagt. Aber er weiß nicht, wohin. Und er hat gesagt, dass er mich jetzt zum ersten Mal in seinem Leben wirklich versteht.

Tagebucheintrag 30.01.2017

Vorhin hat er „Danke“ zu mir gesagt. Für das, was ich mache, und dass ich da bin. Und er hat gesagt: „Wir schaffen das schon!“ Mir kamen sofort die Tränen und ich hab gesagt: „Ich weiß nicht, Papa!“ Es bricht mir das Herz. Es tut so doll weh, ihn so zu sehen. Ich hab am Bett gesessen und geweint, und er hat meine Hand gehalten. Dann hat er meine Hand plötzlich ganz fest gedrückt und mich mit einem festen Blick angeschaut. Ich war gespannt, was er nun sagen will. Er hat mich ein bisschen zu sich rangezogen, mir fest in die Augen geguckt und hat dann gefragt: „Ob Oskar später wohl schöne Frauen haben wird?“ Aus meinem Weinen wurde ein Lachen. „Na klar“, hab ich gesagt, „er ist doch dein Enkel!“

TAKE THESE BROKEN WINGS AND LEARN TO FLY

„Stell dir mal vor, du bist grad aufm Flugzeug-Klo und dann stürzt das Ding ab und du wirst mit heruntergelassener Hose gefunden“, sagte mein Vater oft vor seiner Erkrankung, wenn wir über den Tod sprachen. Das schien seine größte Angst zu sein: Im Flugzeug genau dann auf dem Klo zu sitzen, wenn es abstürzte. Zum Glück sollte diese Angst unbegründet bleiben.

Mit dem Beginn des neuen Jahres baute mein Vater nur noch ab. Und während Weihnachten und Silvester in einem grauen Schleier an mir vorbeizogen, wünschte ich mir im Januar nichts sehnlicher, als noch ein bisschen Zeit mit ihm zu haben. Wenigstens ein paar Monate. Ich genoss die Nähe zu ihm und auch wenn wir im Nachhinein erkannten, wie kraftlos wir alle schon waren, so hätten wir in der Situation noch ewig weitergemacht. Niemand hätte für möglich gehalten, dass wir uns nur drei Monate nach der Diagnose auf den Abschied vorbereiten mussten. Er aß und trank kaum noch und nahm nicht mehr viel Anteil daran, was um ihn herum geschah. Oft lag er mit geöffneten Augen da und starrte an die Zimmerdecke. Er hatte sich in sich selbst zurückgezogen und man merkte, dass er bereit war zu gehen.

Mein Handeln wurde nun von einem mir völlig fremden Pragmatismus gesteuert. Für mein bereits angeknackstes Herz war das, was nun kam, einfach zu viel. Ich hatte die ganze Zeit das Gefühl, dass ich mich gerne in einen großen Koffer legen und mich selbst verschicken wollte. Nur wohin wusste ich nicht.

Am meisten Angst hatte ich, dass er nachts stirbt. Ich schlief in dem Raum, der genau über dem Schlafzimmer lag, und schreckte bei jedem kleinen Geräusch auf. Ich stellte mir vor, wie Ulrike plötzlich anfängt zu schreien und zu heulen, in etwa so, wie man es aus Filmen kennt. Mein Verstand suchte verzweifelt nach ähnlichen Erfahrungen und vergleichbaren Situationen. Dabei kramte er in der Vergangenheit rum und vergaß beinahe das Jetzt. Aber der Tod findet ausschließlich im Jetzt statt. Und wenn wir eins in den letzten Wochen gelernt hatten, dann bedingungslos im Moment zu sein.

„Hospiz ist wie eine Geburtenstation, nur eben rückwärts", las ich damals in einem Buch, in dem es um das Sterben ging und auch wenn wir kein Hospiz waren und es ein bisschen schroff klingen mag, so ist da wohl trotzdem etwas dran. Von nun an ging es also rückwärts. Und nachdem Ulrike als Hebamme unzählige neue Menschen begrüßt hatte, war es nun an der Zeit, einen schweren Abschied vorzubereiten.

Ob Jörg darauf gewartet hatte, dass wir alle beisammen waren, weiß ich nicht, ich denke schon. Es war ein nasskalter

Tag im Februar und als wir merkten, dass es nun so weit war, setzten Lisa, Ulrike und ich uns an sein Bett und es kam mir vor wie ein magischer Frauenzirkel. Wir saßen einfach nur da und hielten seine Hände. Mein Vater atmete schwer und geräuschvoll und wirkte nun, nachdem er die letzten Tage sehr ruhig war, eher aufgeregt und angespannt. Wir versuchten, die Anspannung von ihm zu nehmen und während ich seine Schulter streichelte, sagte ich besänftigend: „Papa, wir sind bei dir. Lass los."

Still und vollkommen regungslos saßen wir noch eine ganze Weile bei ihm. Irgendwann öffnete ich das Fenster, um seine Seele freizulassen. Draußen lief der Zoobetrieb einfach weiter, doch hier drin blieb für einen Moment die Zeit stehen. Als Ulrike aufstand, um Jörgs Mutter zu informieren, nahm sie mit zittriger Hand den Hörer und sagte dann mit bebender Stimme: „Jörg ist gerade gestorben."

Mit dem Aussprechen dieses Satzes wurde das Unaussprechliche Realität und es brach eine ganze Welt zusammen.

Wenn in einer Elefantenherde ein Tier stirbt, dann bleiben die anderen Elefanten oft noch sehr lange vor Ort und versuchen manchmal sogar, das tote Tier wieder aufzurichten. Immer und immer wieder schubsen sie es von der Seite an und drücken sich mit aller Kraft dagegen. Erst nach ein paar Tagen verlassen sie dann zögernd den Ort des Unglücks und ziehen ohne den Verstorbenen weiter.

Meinen Vater gehen zu lassen und ohne ihn weiterzuziehen war das Schwierigste, was ich bisher in meinem Leben machen musste.

Meine Oma und die beiden Geschwister meines Vaters kamen und die Familie versammelte sich im Wohnzimmer. Als Simon von einem Spaziergang mit dem Freund meiner Schwester aus dem Zoo zurückkehrte und mitbekam, was passiert war, fing er fürchterlich an zu weinen. Als ich sah, wie dieser sonst so coole und emotionsgebremste, vorpubertäre Junge sich plötzlich komplett in Tränen auflöste, brach mir ein weiteres großes Stück aus dem Herzen.

Später fuhren wir mit ihm an den Strand, um ein bisschen frische Luft zu schnappen und uns eine Brise frische Seeluft um die Nase wehen zu lassen. Ich stellte mich ans Wasser, rief den Namen meines Vaters und fragte mich, wo er nun wohl war. Lisa und Simon guckten mich ein bisschen seltsam von der Seite an, aber nachdem ich seine Seele durch das offene Fenster entlassen hatte, musste sie ja schließlich irgendwo sein, dachte ich.

Die Beerdigung fand drei Wochen später in der Kirche, in der früher meine Großeltern gewohnt hatten, statt. Es war schön, dass alles so vertraut war. Alle dort hatten meinen Vater gekannt und sogar der Bestatter war ein ehemaliger Klassenkamerad von ihm. Die Kirche war bis auf den letzten Platz gefüllt und der Zoodirektor hielt eine sehr bewegende Rede, die ihn mit Sicherheit sehr stolz gemacht hätte. Trotzdem war es das Letzte, was Lisa und ich uns hätten vorstellen können, als wir damals auf dem Dachboden der Kirche Snake spielten oder vor dem Fernseher unserer Großeltern herumlümmelten und Pumuckl schauten.

Da uns ein normaler Friedhof absolut nicht der richtige Ort zu sein schien, fand die Beisetzung in einem Ruheforst nahe der Ostsee statt. Bei einem Spaziergang hatten wir meinem Vater einen Baum ausgesucht, an dessen Wurzel nun seine Urne beigesetzt werden sollte. Es war eine hochgewachsene Buche, die sich nach oben hin aufgabelte und wir alle fanden sie irgendwie passend.

Ein Freund der Familie spielte den Song „Blackbird" von den Beatles auf der Gitarre und wie der schwarze Vogel in dem Song schleppte ich mich nach der Beerdigung mit gebrochenen Flügeln zurück in den Alltag und versuchte, wieder fliegen zu lernen. Es war, als müsse ich ganz viele Dinge wieder zum ersten Mal machen. Zum ersten Mal zum Zoo fahren und er steht nicht in grüner Tierpflegermontur an seinem gewohnten Platz und harkt Laub. Zum ersten Mal im Supermarkt seinen Lieblingswein kaufen und ihn alleine trinken. Zum ersten Mal mit meinem Bruder alleine in das Strandcafé fahren, in das wir immer so gerne zusammen gefahren sind. Aber es waren auch schöne erste Male dabei: Zum ersten Mal etwas Lustiges sehen und genau wissen, welchen Kommentar er jetzt abgelassen hätte. Zum ersten Mal sehen, wie kleine Äpfel an dem Baum wachsen, den seine Kollegen neben das Elefantenhaus gepflanzt haben. Und zum ersten Mal erkennen, wie viel von meinem Vater in mir steckt, auf das ich heute sehr stolz bin.

Und jetzt also: das erste Mal Eintritt für einen Zoo bezahlen. Ich stehe vor dem Elefantengehege im Leipziger Zoo, und es ist schön und schrecklich zugleich. Meine wilden Gedanken fühlen sich manchmal so schwer und erdrückend an, als würde ein Elefant auf mir sitzen, und ich frage mich, wie ich vor dem Tod meines Vaters überhaupt über irgendetwas unglücklich sein konnte, denn im Angesicht dieses Elefanten erscheint mir plötzlich alles nichtig und klein.

Doch zum Glück hat mir mein Vater auch das Wissen hinterlassen, wie man so einen Elefanten bändigen kann. Und auch wenn Jörgs Tod bei uns allen eine Lücke hinterlassen hat, die sich niemals und durch nichts schließen lässt, so geht das Leben trotzdem weiter. Und während ich dieses Buch geschrieben habe, hat mein kleiner Bruder sein erstes Schülerpraktikum im Zoo absolviert. Lisa plant, nach der Elternzeit mit ihrem zweiten Kind ebenfalls wieder einzusteigen und ich trainiere jeden Tag auf meinem Klapprad für die noch ausstehende Ostseeumrundung.

DANK

Ich danke meinen Eltern, dafür, dass sie mich mit Liebe erschaffen haben. Danke auch, dass es meine Schwester und ihre kleine Familie gibt. Lisa, du bist ganz vieles, was ich nicht bin, und das bewundere ich. Ich danke meinen Großeltern Waltraud und Egon Haase, die immer für mich da waren. Danke Oma Uschi für deine norddeutschen Wurzeln. Danke an meine australische Lieblingsfamilie dafür, dass sie alles bedingungslos mit mir teilen. Danke Henni. Von dir hab ich gelernt, was Freundschaft bedeutet. Außerdem danke ich Janis für das Erschaffen mobiler und immobiler Oasen. Danke auch an Wolle und Benzer, best buddies 4 life! Ich danke Oliver und Elfrida, die mich aus dem Schatten wieder mit in die Sonne genommen haben. Und ich danke Sofie für ihren Support auf den letzten Metern sowie Maren Ziegler für das Lektorat und Hanna Jansen für die Titelidee. Danke außerdem auch an Ulrike und Simon, Isi, My & Ro, Brita und Tillmann, Florian und alle, die mich auf meiner Reise begleitet haben. Außerdem danke ich allen, die mir Steine in den Weg gelegt haben. Durch euch hab ich gelernt, was mir wirklich wichtig ist.

Die Ereignisse in diesem Buch sind größtenteils so geschehen, wie hier wiedergegeben. Für den dramatischen Effekt und aus Gründen des Personenschutzes sind jedoch einige Namen und Ereignisse so verfremdet worden, dass die darin handelnden Personen nicht erkennbar sind.

Bei der Verwendung im Unterricht ist auf dieses Buch hinzuweisen.

MIX
Papier aus verantwortungsvollen Quellen
FSC® C145070
www.fsc.org

echtEMF ist eine Marke der Edition Michael Fischer

1. Auflage
Originalausgabe

Covergestaltung: Michaela Zander
Umschlagbilder: © privat, Shutterstock © Richard Peterson, Shutterstock © amskad
Bilder Innenklappe vorne: privat
Bilder Innenklappe hinten: Shutterstock © COLORART_DESIGN_STUDIO, Shutterstock © mariait, Shutterstock © LightSecond, Shutterstock © r.classen, Shutterstock © Lukiyanova Natalia frenta, Shutterstock © Anan Kaewkhammul, Shutterstock © Richard Peterson, Shutterstock © lena_nikolaeva, Shutterstock © julia.m.illustrations
Layout/Satz: Michaela Zander
Gedruckt bei GGP Media GmbH, Karl-Marx-Straße 24, 07381 Pößneck

ISBN 978-3-96093-742-5

www.emf-verlag.de